江苏省学会服务中心　　江苏省青少年科技中心 ｜ 组织编写

探索宇宙奥秘

——天文学

胡中为　黄永锋　编著

南京大学出版社

图书在版编目（CIP）数据

探索宇宙奥秘——天文学 / 胡中为，黄永锋编著
. —南京：南京大学出版社，2023.11
ISBN 978-7-305-26667-6

Ⅰ．①探… Ⅱ．①胡… ②黄… Ⅲ．①天文学－普及
读物 Ⅳ．① P1-49

中国国家版本馆 CIP 数据核字（2023）第 029502 号

出版发行　南京大学出版社
社　　　址　南京市汉口路 22 号　　　　邮编 210093
书　　　名　**探索宇宙奥秘——天文学**
　　　　　　TANSUO YUZHOU AOMI——TI ANWENXUE
编 著 者　胡中为　黄永锋
责任编辑　王南雁　　　　　　　　编辑热线　025-83595840
照　　　排　南京开卷文化传媒有限公司
印　　　刷　南京凯德印刷有限公司
开　　　本　710mm×1000mm　1/16　印张 13　字数 177 千
版　　　次　2023 年 11 月第 1 版　2023 年 11 月第 1 次印刷
ISBN　978-7-305-26667-6
定　　　价　68.00 元

网　　　址：http://www.njupco.com
官方微博：http://weibo.com/njupco
官方微信号：njupress
销售咨询热线：（025）83594756

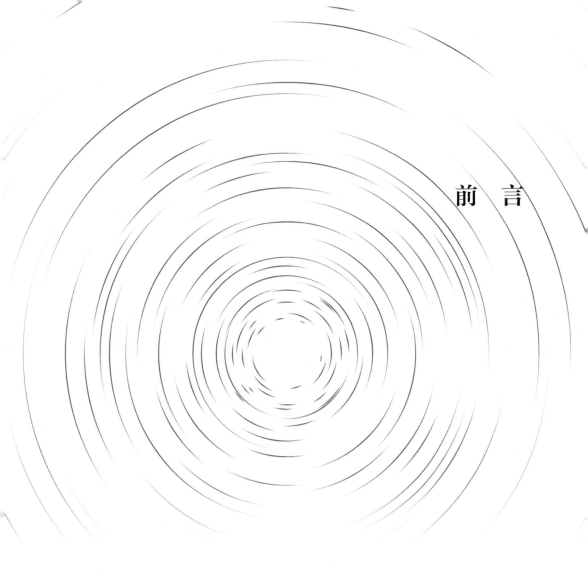

前　言

　　天地玄黄，宇宙洪荒。日月经天，星空璀璨，斗转星移，天象奇妙，尤其是明亮的彗星和超新星充满神秘，深有魅力，常引发我们的星空梦，激励我们去探索宇宙天体的奥秘。

　　什么是天文学？简言之，天文学就是研究宇宙天体奥秘的一门基础学科。天文学源远流长，博大精深。古代人因为生活与生产需要，观察研究日、月、星辰在星空中的运行规律，由此便产生了天文学。

　　天文学不仅是最古老学科之一，而且也一直走在各历史时期的科学技术发展前沿。近 30 年来，随着天体全波段电磁辐射和粒子辐射的精细观测发展、太阳系天体的飞船直接探访、宇宙微波背景辐射的精确测量以及微弱引力波的成功探测，天文学进入突飞猛进的黄金时代。各种新发现和研究成果纷至沓来，不仅揭示了宇宙和天体的新奥秘，展现了天体大千世界的美妙画卷，扩展了宇宙新视野，同时也引出了很多有待回答的重大新问题。特别是近来天文观测暗示，宇宙中存在着本质完全未知的暗物质和暗能量，这"两朵乌云"可能孕育着新的科学革命。

　　现代天文研究表明，宇宙诞生于一次猛烈的大爆炸。一开始，宇宙就是一团温度极高、密度极其巨大的火球。随着宇宙的膨胀，其温度和密度不断降低，并演化出一些大尺度结构，直至形成星系、星云、恒星、行星等各种天体，最终演变成我们今天看到的样子。宇宙至今已有 138 亿年的历史。如果把这 138 亿年的宇宙历史想象成我们习惯的一年，那么在 1 月底，我们的银河系就形成了；9 月 1 日，太阳系诞生；9 月 30 日，地球上开始出现极其原始的生物；12 月初，地球大气中开始出现大量的氧气，为更高级的生命形式奠定了基础；12 月 19 日陆地上开始出现植物，23 日才有了树这样的高级植物；12 月 25 日，地球上出现了恐龙，随后它们在 12 月 30 日灭绝了。在宇宙年历里，我们引以为傲的上下五千年的人类文明，只对应着最后 11 秒钟的历史！

　　在这短短的"11 秒钟"里，我们人类无疑取得了辉煌的成就，但应该说也埋下了隐忧：世界的总人口数在最近一万年里增加了约 700 倍，地球的平均气温在最近 150 年里上升了约 1.5 度；人类已经彻底改变了地球的面貌，建造出了水泥森林般的城市……我们很难想象，几百年或者一万年之后，人类社会会发展到什么程度？或者那时地球上还有人类生活着吗？天文学以一种震撼人心的方式提醒全人类：我们需要携手应对化石能源耗尽的危机，共同应对气候的挑战，共同解除高悬在人类头顶的核武器等达摩克利斯之剑，共同与病毒和细菌作斗争，共同防范基因技术滥用的威胁，共同维护社会秩序，共同应对小行星的撞击，共同发展人类文明！人类应该充分利用现在的时间发展科技，提前为未来各种可能的灾难作好充分的应对准备，而不是浪费时间在战争和互相牵制上。应该说，天文学不是可有可无的学科，而是人类文明的守护工具！

包括天文学在内的先进科学技术在很长时期内只在少数发达国家有高水平发展，世界范围内的大发展局面直到近些年才逐渐打开。天文学的概念和思想是有普遍需求的，也有着特殊魅力，往往能跟人们最感兴趣的基本问题产生共鸣，因此，天文学的新发现和新成果经常成为轰动社会的热门话题。天文学生动有趣、引人入胜，学习天文学有益于培养正确的世界观、认识论和方法论，提高科技文化素养，激发创新的动力和活力。

60 多年前，我国仅有一所大学设有天文学专业，天文台站屈指可数。作为六大基础学科（数、理、化、天、地、生）之一的天文学，却因条件所限而发展得相当缓慢。改革开放以来，我国的经济和科学技术迅猛发展，航天器冲破地球大气屏障，把以前仅通过大气的可见光和无线电（射电）波段"窗口"天文观测研究扩展到全波天文学，又发射探测器去探访月球和火星，从而需要大量的天文专业人才。如今，我国已有十多所大学设有天文学专业，招收本科生及研究生，部分高校还设立了博士后工作站。很多天文台、站都有多种先进的天文仪器，尤其是号称"中国天眼"的 500 米口径球面射电望远镜（FAST）是目前世界上最大、最先进的单口径射电望远镜（直径 500 米）。近年来，我国天文科普工作也大有发展，现代先进的科技馆和天文馆成为人们休闲旅游的胜地。众多沉迷天文的爱好者成为"业余天文学家"，辛勤地守望着星空，争分夺秒地"捕捉"彗星、小行星以及超新星，甚至创立业余天文台，令人钦佩！专业的、业余的、群众的融合将使天文事业的发展更加兴旺。

随着我国天文事业的迅速发展和国际交流的大幅增加，国际天文学联合会第 28 届大会于 2012 年 8 月在北京举行。在开幕式上，习近平发表了题为《携手探索浩瀚宇宙 共创人类美好未来》的致辞，精辟地阐明天文学"对其他门类的自然科学和技术进步有着巨大推动作用"，"在人类认识世界、改造世界的活动中始终占有重要位置"。习近平指出，天文学的发展历程给予了我们宝贵而深刻的启示：第一，科学技术发展是人类认识世界、改造世界的强大动力；

第二，科学技术发展需要不懈探索和长期积累；第三，科学技术发展需要持续重视和加强基础研究；第四，科学技术发展需要打牢坚实的群众基础；第五，科学技术发展需要开展广泛务实的国际合作。习近平期望，充满好奇心和求知欲的年轻人，能够把关注的目光投向灿烂星空，激发出对天文观察和天文学研究的浓厚兴趣，投身于当今世界科学技术的创新实践之中。进入 21 世纪，各国天文学家正携手探索浩瀚宇宙、共创人类美好未来！正是在这样的背景下，我国的天文事业进入了创新和普及大发展的新时代。

很多高中生爱好天文和航天，想报考大学的天文学或有关专业，但又不甚了解天文学专业的学习和就业等情况。本书将以天文界同仁的视角，介绍天文学的起源及发展现状，并着重介绍我国的天文事业基本情况，包括大学的天文学专业设置、天文台及天文馆等有关机构的发展现状等等。

我国的天文学专业主要设在重点大学，报考有一定难度，入学后的课程也是很繁重的。但有志者事竟成，只要决心大、毅力强，就一定能攻坚克难登高峰，取得优异成绩，毕业后也会有很好的工作机会去发挥智慧和能力，作出重要贡献。暂时没能到大学天文学专业学习的天文爱好者也大有机会在天文上作出很有意义的贡献，比如可以在研究生阶段转入天文学专业，或者将本专业知识应用到天文设备的建造、运行、维护、管理等不同工作中。还可以利用业余时间搜寻发现彗星或超新星，辅导感兴趣的孩子和青少年成长为未来的天文学家等等。有志于天文学的青年，努力吧。

胡中为、黄永锋

2023 年 9 月

目　录

4.2 我国的天文研究机构简况…152

4.3 天文馆与科技馆…180

自古以来，壮丽的星空天象令人们惊奇。人们观察，思索，研究，试图了解宇宙的奥秘。早在五、六千年前，由于农牧业生产和生活的需要，人们便开始通过观察天象来确定季节和编制历法，如《易经》所述"观乎天文，以察时变"，由此产生了一门古老的科学——天文学。随着历史发展，天文学跟先进的科学技术交融。人类从现象到内在规律，乃至本质，不断深化着对宇宙的认识。可以说，天文学总是走在各历史时期的科技前列。

第一章

探索宇宙奥秘的天文学

▶ 1.1 宇宙的含义与宇宙观

　　人们常说的宇宙，含义是什么？宇宙的概念源远流长，一般作为天地万物的总称。英文 universe 和 cosmos 都是宇宙的意思，前者意为天地万物，后者还有井然有序与和谐之意。我国古籍中有："四方上下曰宇，古往今来曰宙"。用现代科学术语来说，宇就是空间，宙就是时间。宇宙就是客观存在的物质世界，而物质是不断地运动和变化发展的，空间和时间就是物质及其运动变化的舞台。微小的分子、原子和基本粒子都可谓"小宇宙"。而所有天体、天体系统可谓"大宇宙"——此即通常称谓的宇宙。

◎ 牛顿的宇宙观

　　牛顿认为，时间是绝对的和独立的，它自身跟任何外在事物无关，从负无穷到正无穷均匀流逝着；空间也是绝对和独立存在的，同样跟外在事物无关，且永远是相同和不变的。时间、空间和物质相互割裂，彼此均独立无关。这个绝对的空间构成理想的三维参考系框架。绝对时间则意味着无论在哪个具体的参考系中去测量两个事件之间的时间间隔，结果都是一样的和等效的。

◎ 爱因斯坦的宇宙观

　　爱因斯坦创立的广义相对论是关于时空和引力的理论。其基本假设是相对性原理，即物理定律与参考系的选择无关。广义相对论打破了绝对时空观，建立了时间、空间、物质密切联系的相对论时空观。它把时间、空间和物质、运动四个自然界最基本的物理要素联系起来，"物质告诉时空怎么弯曲，时空告诉物质怎么运动"（惠勒语）。引力的本质是因物质存在及其具体分布而造成的时空弯曲，由此导致了光线在引力场中弯曲、强引力场中时钟变慢等效应。广义相对论也预言了黑洞、引力波等奇特的天体和现象。

◉ 现代宇宙观

随着历史的发展，人类的视野不断地拓展，人们对事物从表象到本质的认知越来越深刻，宇宙观也在革新进步。现代物理学和天文学的观测和理论研究都确切地表明，空间和时间不仅跟物质不可分割，而且空间和时间是密切联系在一起的相对论时空。不但时间可能有起点，空间也同样如此，宇宙时空及物质可能起源于原初大爆炸。而只有在弱引力场和物体运动速度远小于光速情况下，才可以近似地用绝对的时空表述，这才是辩证唯物的、客观的科学宇宙观和时空观。例如，爱因斯坦以广义相对论为基础，预言存在着引力波（引力辐射），而按牛顿力学则绝对是不会产生引力波的。2015 年以来，科学家们已经确切地探测到近百起双黑洞（或中子星）并合的引力波事件，进一步验证了广义相对论的正确性。引力波天文学已成为当前正蓬勃发展的天文学前沿分支。

▶ 1.2 天文学的对象与使命

天文学是人类认识宇宙的一门自然科学。天文学的研究对象是各种天体、天体系统乃至全部宇宙，其使命是观测并研究它们的位置、分布、运动、形态、结构、物理状况、化学组成及起源、演化等规律。天文学跟其他先进的自然科学和技术交汇融合，不断地发展，走在各历史时期的前列。

◎ 什么是天体？

天体是宇宙中各种物质构成的客观对象的总称。天文学观测研究的主要对象是地球之外的天体。从其他天体（如月球）上看，地球也是天体。对于地球这一特殊天体，不同于地球科学各分支学科（地质学、地理学、地球物理学、地球化学等），天文学是把地球作为具有代表性的行星和天文观测基地，用天文方法来研究和地球的有关问题。例如，通过观测太阳、月球和星辰，可研究地球的自转和空间运动，进而从地球运动的规律可以确定时间和季节并编制历法。当然，地球不是宇宙中的封闭系统，而是开放系统，它不断受到宇宙环境影响。例如，月球会引起地球上的潮汐现象并使地球自转减慢；太阳以光和热辐射的形式供给地球能量，可以说地球上的能源归根结底主要来自太阳；地球上的季节变化跟地球绕太阳公转及地球自转轴与其轨道面的倾角有关等等。这些问题构成天文学和地球科学共同协作研究的边缘交叉学科。

◎ 天文学与先进科学技术的交融

星空和宇宙无疑是最广袤的"实验室"，有着地球上实验室无法比拟的各种条件，激励人们去发现和探索。在数学、物理、化学、天文、地学、生物六大基础学科中，天文学运用数学来分析和推演资料，同时促进数学发展；物理学和化学是天文学的基础，而天文学的发现和研究又为它们开辟新的前沿；地学和生物学研究也扩展到了行星研究和宇宙生命探索等课题中。几千年来，人们主要靠被动地观测（即"遥感"）来自各类天体的可见光及其他辐射信息来了解它们。航天时代以来，人们开始主动地发射飞船去勘查太阳系的行星和卫星等天体。天文学采用光学、机械、电子等先进技术，创制独特的天文仪器和方法去获得和处理观测资料，获取天体信息，在这一过程中也促进了相关技术的发展。天文学与有关的学科和技术互相渗透，共同推动科学和技术飞跃进步。

❀ 天文学与文化艺术和人文学科的融合

星空和谐美妙，富有魅力，给人启迪，引发情怀。众多人文学者受星空启发而谱写了大量豪放的诗词曲，写作了动人的故事，创绘了美妙的画卷，演绎了精妙的哲理论述，推动了文学艺术和人文学科的发展。例如，我国古代诗人屈原写了《天问》：

遂古之初，谁传道之？上下未形，何由考之？……天何所沓？十二焉分？日月安属？列星安陈？（意思是：关于远古开头的情况，是谁传说下来的？天地未成形的情况，根据什么来考究呢？……天空依靠什么而维系？十二时辰是怎么划分的？日月依托在什么上面？众星又陈列在什么之上？）

苏东坡《夜行观星》诗：

天高夜气严，列宿森就位。大星光相射，小星闹如沸。

天人不相干，嗟彼本何事。世俗强指谪，一一立名字。

南箕与北斗，乃是家人器。天亦岂有之，无乃遂自谓。

迫观知何如，远想偶有以。茫茫不可晓，使我常叹喟。

伟大画家凡·高的名画《星夜》（见图 1.1），已然成了人类艺术瑰宝。

图 1.1　凡·高的画作《星夜》，带给人们强烈的震撼｜图源：Google Art Project

✿ 天文学与星占学

　　天文学是以实际观测资料为基础，以各学科科学知识为工具，客观地探讨宇宙天体的真实性质、结构和演化规律，促进对宇宙天体深入本质的认识的学科，与迷信的星占学或占星术是完全对立的。星占学是根据天象来预卜人间事物的方术，源于古人不了解自然现象的本质和规律而着迷于它们的神秘感，进而把一些特殊天象（日食、月食、彗星出现、流星陨落等）跟人间吉、凶、祸、福牵强地联系起来，甚至现今仍有人被星占迷信麻醉。由于时代的局限和知识的缺乏，特别是由于迷信思想和权势主宰，很多古代天文学家同时也是占星家。他们以天文现象预测人间祸福的做法是完全没有科学依据的、不可取的。但他们观测、记录和推算天象，也留下不少有用的天文观测资料，至今仍有一定的参考价值。对于古代天文学，我们应当取其精华，去其糟粕，去伪存真，古为今用。例如，利用古代天象记载，我们可以研究中国早期历史中的年代划分问题，还可以推算一些历史超新星爆发的时间。总之，尽管广袤的宇宙中有很多深奥现象仍是未解之谜，还需要进一步科学探讨，但这跟占星术无关。现代天文学的科学研究正不断地揭示宇宙新的奥秘，已经把星占学和迷信彻底扫进历史垃圾堆。

▶ 1.3 认识宇宙的几次大飞跃

天文学在人类文明的发展中起着重要推动作用。人类对宇宙的认识是不断发展的，天文学发展史是人类文明的宝地。天文学史中有很多生动有趣的里程碑事件，尤其是人类认识宇宙的几次大飞跃，影响至为深远。

◎ 观测日月的视运动规律来编制历法

天体的运动也是相对的。古人凭直观感觉认为恒星都固定在很大的"天球"上，而日、月（太阳和月球）相对于恒星天球作视运动。公元二世纪，汇集古代天文学成就，托勒密在其名著《天文学大成》中阐述了宇宙地心体系，即地心说。该理论认为地球静止地位于宇宙中心，日、月及各行星在其特定轮上绕地球转动，并同恒星一起每天绕地球转一圈。图 1.2 形象地描述了地心说的基

图 1.2 托勒密与地心体系示意图。地球被
　　　 认为处于宇宙的中心，太阳、月
　　　 亮以及行星在各自的大均轮上运
　　　 动。为了解释行星运行轨迹在星
　　　 空中展现出的停留、退行（逆行）
　　　 等特殊现象，他又提出了本轮概
　　　 念，认为这些行星都在较小的本
　　　 轮上运动，而本轮的中心则在大
　　　 均轮上运行。今天我们知道，地
　　　 心说并不符合实际情况 | 图源：
　　　 上：Popular Science Monthly
　　　 Volume 78, 1911；下：Bartolomeu
　　　 Velho, 1568

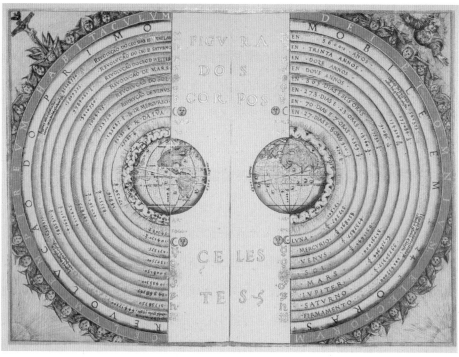

本概念。在此基础上，托勒密尝试对它们的视运动规律作出数学理论上的描述，从而编制历法。托勒密的地心说是一种客观的规律描述，虽然并不符合真实情况，但仍有其历史功绩，算得上是人类认识星空的一次大飞跃。因托勒密否认上帝，在公元 1215 年之前，教会还禁止讲授他的理论。后来，教会才逐渐把地心说作为统治工具。

❂ 哥白尼的日心说

人类认识星空的第二次大飞跃的标志事件是 1543 年哥白尼（图 1.3）在名著《天体运行论》中提出了宇宙日心体系（即日心说），形成了太阳系概念。他

图 1.3 哥白尼与日心说示意图。太阳被放在中心位置，各大行星以不同速度绕太阳运行，月球则绕地球运动。日心说相对于地心说有质的飞跃，但要注意在真实的宇宙中，太阳并不处于宇宙的中心。宇宙其实是没有中心的 | 图源：左：Wikipedia；右：Andreas Cellarius，1660

指出地球和行星依次在各自轨道上绕太阳公转；月球是绕地球转动的卫星，同时随地球绕太阳公转；日月星辰每天东升西落的"天旋"现象，实际是地球自转（"地转"）的反映；恒星距离我们则比太阳远得多。正如书名中"revolution"一词（有运行（绕转或公转）和革命双关意思），从此自然科学便开始逐渐从神学中解放出来。17 世纪初，伽利略制成天文望远镜，并用它观测星空，他看到月球表面有多种地貌特征，金星也像月球一样有圆缺变化。伽利略发现了木星的四颗卫星，提供了太阳系的新证据，又从太阳黑子的运动中推断出太阳在自转，还分辨出银河是由密集的恒星组成。伽利略写下了《星空使者》和《关于托勒密和哥白尼两大世界体系的对话》两本名著，开创了近代天文学。

◉ 地球与天球：天旋与地转

自古以来，人们仰望夜空，"天如张盖，笼罩四野"，主观感觉好像是星星都嵌在一个巨大的球形天幕——**天球**上。实际上，并不存在实体的"天球"，我们只能借助假想的、半径很大的天球来观测天体的方位，具体测量中则常用一定半径的球代替（图 1.4）。于是，热爱天文的你，就需要像个"神仙"，从更高境界来自上而下地思考天地客观关系的真谛。正如你观看风景照，见到各景物的方位，却难知其真实距离。观察星空，直观所见的也是各星的方位关系，而难以判断其线距离。在天球中看似相邻的星星离你（在球心）的线距离是不同的，但看上去似乎都在同一个球上，所以我们只能直接测量它们的方位角度关系——**"角距离"**。古代天文观测主要就是测量星星之间的方位和角度关系，这样简单的观测虽然难以揭示星体的本质奥秘，但仍可以得到有价值的规律。例如，通过这种测量可以定出地球自转和公转的周期，从而编制历法。

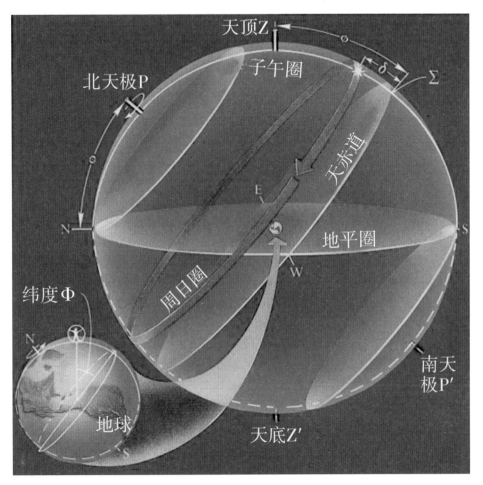

图 1.4 地球与天球相互关系示意。地球的自转，导致了日月星辰的东升西落 | 图源：Jim Kaler

从地球上看，似乎整个天球带着星星由东向西作周日旋转，形成"天旋"。其实，这是地球由西向东自转——"地转"的反映。天旋与地转是同一件事的两种表述，好比稳坐旋宫的人，看到外面景物似乎都在绕自己转动，天旋的直观感觉也是如此。但是"旁观者清"，其他天体上的人（例如登月的航天员），就容易客观地看出地球在自转。

从你所在地球表面处观察星空，最常用的自然是**地平坐标系**（参考图 1.4）。地平面与天球相交的大圆是**地平圈**，它有东（E）、西 (W)、南 (S)、北 (N) 四个方向。地平圈的两个天球极是**天顶**和**天底**。经过点 E、天顶、点 S、天底这四个点的天球大圆是**子午圈**。天体周日视运动经过子午圈时，称为**中天**。特别地，经过天顶所在的子午圈半圆时称为**上中天**，经过天底所在的子午圈半圆时称为**下中天**。

地球自转轴延长而交于天球的两点为**北天极**和**南天极**，地球赤道面相交于天球的大圆称为**天赤道**。显然，天赤道也经过 E、W 两点。春分时，太阳大致位于天赤道（**春分点**）上，太阳的周日运动就沿着天赤道进行。春分后，太阳位置越来越偏向天赤道北侧 (赤纬增加)，到夏至时达最大（**夏至点**）。随后，太阳的赤纬逐渐减小，到秋分时又位于天赤道（**秋分点**），继而往天赤道南侧移动，至冬至时达最南（**冬至点**）。然后，太阳又逐渐北移到春分点，开始下轮循环。除了天赤道面上的星星会沿天赤道大圆作周日视运动外，其余星星由于具有一定的纬度角，都会沿平行于天赤道的小圆作周日视运动。

✿ 万有引力定律和天体力学

人类认识星空的第三次大飞跃是万有引力定律和天体力学的建立。开普勒通过深入分析第谷留下的行星观测资料，发现了行星运动三大定律。继而，牛顿总结当时的天文学和伽利略力学研究成果，进行科学抽象和数理推演，写出名著《自然哲学的数学原理》，从开普勒定律导出万有引力定律，建立了经典力学体系，也奠定了天体力学基础。哈雷用牛顿理论计算彗星轨道，成功预报了哈雷彗星的回归。勒威耶和亚当斯则分别从天王星的观测与预报的位置偏差中推算出天王星附近应该存在一颗未知的行星。他们计算出了该行星的轨道并给出了位置预报，由伽勒观测找到，命名为海王星。哈雷彗星的回归和海王星的发现充分显示了牛顿理论的威力。

☸ 太阳系起源的星云说

人类认识宇宙的第四次大飞跃是意识到太阳系有其起源演化史。在牛顿时代，除了认为自然界中存在往复的机械运动外，绝对不变的自然观占主导地位。在这一僵化的自然观上打开第一个缺口的是康德和拉普拉斯先后提出的关于太阳系起源的星云假说。他们的星云假说基本内容相似，都认为太阳系的各天体均是由同一个原始星云按自然规律，主要是在引力作用下聚集形成的。原始星云内部物质聚集成太阳，外部物质聚集形成地球等行星。太阳系是通过演化形成的，这一划时代观念的建立，对自然科学和哲学的发展都有深远影响。

☸ 银河系和星系的概念

第五次大飞跃是建立了银河系和星系的概念。哈雷把当时的星表和古代星表进行比较，发现某些恒星位置有变化。后来，天文学家通过实测发现各恒星离我们远近不同。这样就打破了恒星固定在天球上的错误概念的束缚。继而赖特、朗伯特提出恒星组成扁盘状系统（银河系）的看法，赫歇耳则通过观测绘出了银河系的粗略结构图。罗斯利用望远镜进行观测，发现从某些星云中可分辨出恒星，因而指出它们是银河系之外的星系。

⚛ 天体物理学兴起

第六次大飞跃是天体物理学兴起。十九世纪中叶以来，照相术、光谱分析和光度测量技术相继应用于天文观测，导致天体物理学兴起。孔德在 1825 年还曾经悲观地断言"恒星的化学组成是人类绝对不能得到的知识"。但是不久之后，人们通过光谱分析就得知天体的化学组成了。随着原子物理等学科的创立和发展，人们可以借助天体物理学方法去分析观测资料，破译出天体的物理状况和化学组成等信息。

⚛ 时空观的革命

第七次大飞跃是时空观和宇宙观的革命。如前面所述，牛顿认为时间和空间都是绝对的、跟外界任何事物无关的，即绝对时空观。爱因斯坦的相对论则把时间、空间与物质及其运动紧密联系起来。在其理论体系中，观察者会看到运动的尺子在运动方向上缩短，运动的时钟会变慢，运动物体的质量将增加。引力则起源于因物质的存在而导致的时空弯曲，光线因此会在引力场中弯曲。爱因斯坦打破了绝对时空观，建立了相对论时空观。他得到了物体质量 m 及其能量 E 之间满足的重要关系——质能关系：$E = mc^2$（c 是光速），成为解答包括天体的核能在内的许多关键问题的理论基础。

⚛ 天文学大发展的新时代

近半个世纪以来，天文学进入了迅猛发展的新时代。在观测方面，不仅在地面上有很多现代光学观测仪器，而且人们还发展出了射电技术和空间探测技术。尤其是航天时代以来，大量探测器飞到太空，把天文观测从可见光波段扩展到包括红外、紫外、X 射线和 γ 射线在内的全波段，人们还广泛开展粒子、物理场（引力场、电磁场等）观测与研究，甚至直接登陆一些太阳系天体进行实地考察。在理论研究方面，不仅有现代数学、物理、化学以及电子计算机等基础和工具，而且出现了一系列现代天文分支学科及有关的交叉、边缘学科。新发现接踵而来，也带来大量新课题。当前，天文学领域最大的悬念是能否从观测事实推断出存在但完全不知其本质的暗物质和暗能量的特点乃至其本质。揭开这一谜底，将给天文学带来新的飞跃，甚至孕育出自然科学新的革命。

▶ 1.4 量天尺和天文数字

人类经过观察和测量，认识到物质最基本属性是质量、长度和时间。这三个物理量的基本单位分别是千克（kg）、米（m）、秒（s），或者有时也常用克（g）、厘米（cm）、秒（s）单位制。

各种度量衡普遍地使用于日常生活和天文学中，但具体的计量方式又因实际情况而有不同的选择。在天文观测中，度量方式更有其特殊性。

◎ 时间

实际上，时间单位最初是利用天文观测来确定的。"1 平太阳日或 1 天（1昼夜）"是以地球相对于太阳的自转周期为基准来计量的，一个平太阳日的

1/86400 为 1 秒（s）。后来人们发现地球自转不完全均匀，1960 年国际度量衡大会把时间基准改为以地球绕太阳的公转周期为参考，即规定 1900 年地球公转周期（**回归年**）的 1/31556925.9747 为 1s。随着精确、稳定的原子钟被制造出来，1967 年国际度量衡大会才转而采用原子时来规定国际单位制（SI）中的时间单位，即将 1 秒定义为铯 −133 原子基态的两个超精细能级之间跃迁所对应辐射的 9192631770 个周期的持续时间。

◎ 长度（距离）

长度单位"米"最初规定为通过巴黎的地球子午线全长的四千万分之一。要用米 (m) 作单位来表述天体的大小和距离的话，那就要用到非常大的"天文数字"。例如，地球到太阳的平均距离为 1.4959787×10^{11} m，这显然很不方便。因此，正如我们采用千米 (km) 作为日常生活中的长度单位一样，天文学中定义了一些特殊的单位作为天文学家的"量天尺"。

在天文学中，长度（距离）常用的一种单位是**天文单位**，它定义为地球绕太阳公转的椭圆轨道的半长径。通俗地说，也就是日地平均距离。记为 1 AU，即：

$$1 \text{ AU（天文单位）} = 1.4959787 \times 10^{11} \text{ m}$$

比天文单位更大的长度（距离）单位是**光年**（light year, ly）。1 ly 就是光在 1 年时间内经过的（真空）距离。因为真空中的光速是最基本的常数之一，根据精确测定结果，1983 年国际协议确定，真空中光速为 299792.458 km/s（常近似地说，光速为 30 万 km/s）。

$$1 \text{ ly（光年）} = 9.46073 \times 10^{15} \text{ m} = 63240 \text{ AU}$$

此外，天文上还常用**秒差距**（parsec, pc) 作为距离（尺度）单位：

$$1 \text{ pc（秒差距）} = 3.2615638 \text{ ly}$$

相应地，更远的天体距离还可以用千秒差距（kpc）甚至兆秒差距 (Mpc) 作为单位。

顺便指出，1983 年国际度量衡大会上通过了"米 (m)"的新定义："1 米是光在真空中 1/299792458 秒的时间间隔内所经路程的长度"。

⚙ 质量

起初，质量单位"千克 (kg)"是 18 世纪末法国采用 1000 立方厘米纯水在最大密度（温度约 4℃）时的质量来定义的。1875 年至今则以铂铱合金制成的国际千克原器为标准。如果用千克作单位来表述天体的质量，同样又会碰到非常大的"天文数字"。例如，地球和太阳的质量分别为 5.974×10^{24} kg 和 1.989×10^{30} kg。为方便起见，天体的质量常以**太阳质量**（符号为 $M_\odot$）为单位：

$$1 \, M_\odot = 1.989 \times 10^{30} \text{ kg}$$

❀ 亮度－星等

古希腊天文学家喜帕恰斯把肉眼可见的恒星分为 6 个视亮度等级，最亮的为 1 等，次亮的为 2 等，……，肉眼刚好可见的则为 6 等。把一根蜡烛放在 1000 米远处，它的视亮度跟 1 等星的差不多。生理学研究表明，人眼的响应跟单位面积上接收到的天体辐射功率——照度 E 的对数成正比。普森测量发现，两颗星的星等之差（$m_2 - m_1$）同它们的照度 E_1、E_2 的关系为：$m_2 - m_1 = -2.5 \cdot \log(E_2/E_1)$。于是，可以由测量到的照度来计算出更亮或更暗星的天体星等。星等一般对应于看上去（"视"）的亮暗程度，故常称为视星等。如天狼星的视星等为 -1.44^m，金星最亮时的视星等为 -4.4^m，满月的视星等为 -12.74^m，太阳的视星等为 -26.75^m 等等。当前最大地面望远镜可观测到的最暗星约为 25^m，哈勃空间望远镜经过长时间曝光则可观测到暗至 30^m 的星体。

应当指出，视星等并不能代表天体的真实辐射本领。表述天体真实辐射本领的量是光度（辐射功率）或相应的绝对星等。例如，太阳的光度为 $L_\odot = 3.846 \times 10^{26}$ 瓦，太阳对应的绝对星等则是 $M_\odot = 4.83^m$。在常见的光学波段，光度和绝对星等的换算关系大致为 $\log(L/L_\odot) = -0.4(M - M_\odot)$。

❀ 数目的表示和符号

在天文学中，不仅常用很大的数字，而且也常用很小的数字，读起来容易弄错，下面列举一些十进制倍数和小数的读法及符号。

$10^{12} = 1000000000000$	太 [拉]	T
$10^9 = 1000000000$	吉 [咖]	G
$10^6 = 1000000$	兆 [百万]	M
$10^3 = 1000$	千	k
$10^{-1} = 0.1$	分	d
$10^{-2} = 0.01$	厘	c
$10^{-3} = 0.001$	毫	m
$10^{-6} = 0.000001$	微	μ
$10^{-9} = 0.000000001$	纳 [诺]	n

例如，光的波长经常用纳米（nm）为单位，$1\,nm = 10^{-9}\,m$；也常用埃（Å）为单位，此时 $1\,Å = 0.1\,nm$。

人类对宇宙的认识总是不断深化发展的。从
古至今，经过世世代代的观测研究，我们得到了
丰富的天文科学知识。那么，现在人类对宇宙的
认识达到了怎样的程度呢？让我们初步浏览一下
浩瀚宇宙的概况。

第二章

宇宙概观

▶ 2.1 地球

人类生活在地球上，正如古人所言"不识庐山真面目，只缘身在此山中"，我们难以直观地一览地球的全貌。但是，今天的航天员可以在太空飞船上饱览地球的壮美：圆形的轮廓、缭绕的白云、辽阔的蓝色海洋、广阔的起伏大陆、绿色的森林，均一目了然。

地球的平均半径为 6371 km，质量为 5.97237×10^{24} kg，平均密度为 5.514 g/cm³。地球相对于太阳的自转周期（即一昼夜）为 **1 太阳日**，也就是常说的一天。地球绕太阳公转一圈需 365.2422 天，称为 **1 回归年**。地球轨道所在平面称为**黄道面**，垂直于地球自转轴的平面称为**赤道面**。这两个面的交角称为**黄赤交角**，其当前值为 23° 26′ 21.4″。实际上，地球的公转轨道和自转轴指向都有微小且很复杂的变化。

与利用 X 射线透视人体内部类似，地震波在介质中的传播情况也能提供地球内部结构的信息。地震资料表明，地球内部从核心向外分为**地核**、**地幔**和**地壳**三大圈层，如图 2.1 所示。地核又分固体内核（半径范围约 0~1221.5 km）和液态外核（半径范围大约 1221.5~3480 km）。地幔分为**下地幔**（半径范围大致 3630~4701 km）和**上地幔**（半径范围约 4701~6346.6 km）。地幔还包括底部 D″层（半径范围大致 3480~3630 km）和中部过渡带（半径范围约 4701~5971 km）。地壳的平均厚度为 33 km，但各处厚度不均匀，海洋地壳平均厚度约 6 km，而大陆地壳厚度约为 30~50 km。地壳和地幔顶部（半径 6291 km 以上）由刚性岩石组成，一起称为**岩石圈**，厚度约 60~120 km。岩石圈下面是**软流圈**，深度约为 100~700 km。地幔内重要的结晶结构变化发生在表面下 410 km 到

660 km 范围内，跨越分隔上、下地幔的**过渡带**。

地壳约占地球总体积的 1.5%，约占地球总质量的 0.8% 。地壳下面有地震波波速间断面——M（莫霍）面，是其与地幔的分界。地幔约占地球总体积的 82.3%，约占总质量的 67.8%。地幔底有**古登堡间断面**与地核分界。地核约占地球总体积的 16.2%，约占总质量的 31.4%。

我国古人发明了指南针（磁针），它能确定方向的原因在于地球是个大磁体。**地球磁场**（简称**地磁**）大致为像条形磁石周围那样的偶极磁场，现在的磁轴与自转轴有 11.5° 交角，且磁场对称中心位于地心以南约 460 km 处。南、北磁极的磁场强度分别为 0.68 高斯和 0.61 高斯（1 高斯 = 10^{-4} 特斯拉），磁赤道处的磁场强度 H_0=0.31 高斯。

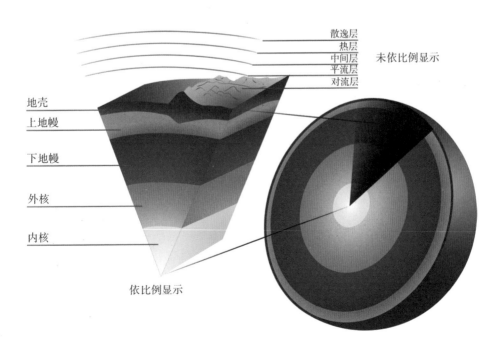

图 2.1 地球内部的分层结构 | 图源：Wikipedia

　　地磁的实际情况相当复杂。地磁的主要部分是**基本磁场**，包括偶极磁场（约占 90%）和非偶极磁场（约占 10%），并有缓慢的长期变化。例如，近 350 万年内至少发生了 9 次南北磁极翻转的情况，另外磁极也在绕自转轴向西旋进，每年移动约 0.05°。基本磁场起源于地球内部（内源磁场）。热运动驱动导电的液态核作对流运动，再在地球自转作用下形成电流，电流又跟"种子"磁场相互作用形成最终的地球磁场。这类似于发电机发电的过程，因而被称为"磁流体发电机机制"。这些复杂的运动还会导致磁场发生变化甚至产生地磁异常。地磁的短期变化有日变化、季节变化等，幅度可达百分之几高斯，这种变化主要由外源磁场导致。太阳辐射出来的带电粒子流——**太阳风**跟地球磁层和电离层作用会产生电流系统，进而形成外源磁场。太阳活动甚至有时还能产生短暂的、强烈的地磁干扰，也就是**磁暴**等现象。

　　太阳风跟地球磁场相互作用，在地球周围形成由带电粒子包围的地球磁场控制区域，称为**磁层**（magnetosphere）。太阳风的动能和压力把地球磁力线往背太阳方向推斥，使磁层形成复杂的结构，如图 2.2 所示。太阳风带电粒子流与地磁的交界面是磁层的外边界，称为**磁层顶**。磁层顶的位置和形状主要由太阳风动压和地球磁场磁压的平衡来决定：太阳宁静期，磁层顶在朝太阳侧离地心约 $10R_\oplus$（地球半径）处；太阳活动剧烈时，磁层顶在朝太阳侧离地心 $5R_\oplus \sim 7R_\oplus$ 处。在背太阳方向，磁层顶呈筒状，可延展到几百 $R_\oplus$ 处，形成**磁尾**，其截面半径约 $20R_\oplus$。

　　太阳风粒子流受磁层阻碍，如航船前方的水波那样，在磁层顶上游形成**弓形激波面**，它离地心约 $14R_\oplus$。弓形激波面与磁层顶之间的过渡区称为**磁鞘**。在磁尾中央，被拉伸的反向磁力线之间存在**中性等离子体片**。地球磁场和磁层随地球自转，带电粒子与磁场相对运动而形成大的电流体系：磁层顶电流、

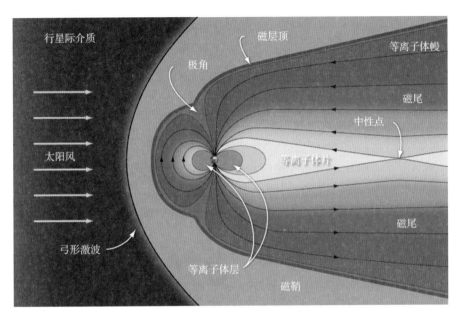

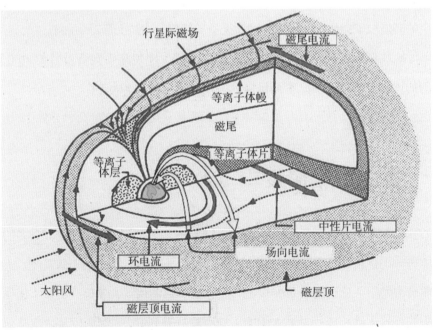

图 2.2 地球磁层子午截面（上）和地球磁层的电流体系（下）
| 图源：上：ESA/C. T. Russell；下：Kivelson and Russel，1995

中性片电流、环电流、场向（磁力线方向）电流等等。这些电流成为地球外部磁场的源。太阳活动剧烈时，强太阳风扰动磁层电流系统而造成地磁磁扰。

　　太阳风、宇宙线与地球高层大气相互作用而产生大量带电粒子，它们绕地球的磁力线做螺旋运动，产生电磁辐射。地球磁场捕获的大量带电粒子所在区域称为**辐射带**，它是先由理论预言，随后由范艾伦在 1958 年用探测者卫星上的仪器发现的，故又称为**范艾伦带**。辐射带呈环状，在低、中纬高空环绕地球，截面为两瓣相对的月牙形。地球辐射带主要有两个：内辐射带主要集中高能（百万电子伏特以上）质子，高度在 600~12700 km，介于磁纬 ±45° 范围内；外辐射带主要集中高能电子，高度在 $3R_\oplus$~$4R_\oplus$，介于磁纬 ±50° ~ 60° 内。近年又发现了更内的第三辐射带，集中来自太阳系之外的高能氧、氮和氖的离子。实际上，带电粒子分布范围很广，而且辐射带情况也随太阳活动变化。辐射带中的高能粒子会伤害航天器上的航天员和仪器，在航天活动中需要注意避开。

　　地球形成以来，已经发生了深刻的演化，地表几乎完全没留下 40 亿年以前的遗迹。利用放射元素测量推算，地球的年龄约 46 亿年。

▶ 2.2 太阳系

　　太阳系是由太阳、8 颗大行星和 5 颗矮行星以及它们的卫星、众多的小天体——小行星、彗星以及大量的流星体和行星际物质组成的天体系统。太阳的质量占太阳系总质量的 99% 以上，在它的引力作用下，其他成员基本上作绕太阳的公转运动。按行星离太阳的平均距离从近到远，8 颗大行星依次是**水星、金星、地球、火星、木星、土星、天王星、海王星**，其中体积最大的是木星，

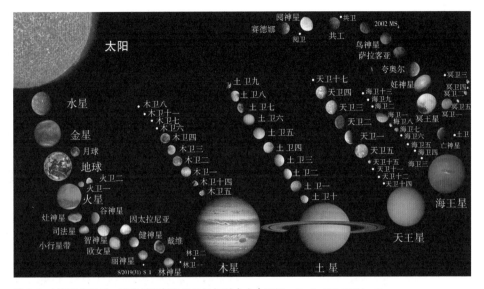

图 2.3 太阳系的行星、矮行星和部分卫星的相对大小 | **图源：**Kevin Gill, Wikipedia

其次是土星。已确认命名的**矮行星**有**谷神星、冥王星、阋神星、鸟神星**和**妊神星**等。太阳系中的主要天体及其大小对比如图 2.3 所示。

除了水星和金星外，其余 6 颗大行星都有卫星，卫星在绕行星转动的同时又随行星绕太阳公转。地球有一颗天然卫星——月球。根据目前的认识，火星有 2 颗卫星，木星有超过 90 颗卫星，土星有超过 80 颗卫星，天王星有 27 颗卫星，海王星有 14 颗卫星。矮行星中，冥王星有 5 颗卫星，妊神星有 2 颗卫星，阋神星有 1 颗卫星。在已知卫星中，最大的是木卫三，其次是土卫六，很奇特的是木卫一上现在还常有活火山喷发。土星的美丽光环已被发现 400 年了，近些年来又发现木星、天王星和海王星也有暗的环系。行星环由宇宙尘和小颗粒组成，绕行星转动。

小行星是绕太阳公转的固态小天体，它们比矮行星还小，在太阳系中的特定位置处集中分布。目前已知的小行星主要有处于火星轨道与木星轨道之间的**主带小行星**，以及海王星轨道之外的**柯伊伯带**及弥散盘小天体。有趣的是，某些小行星也有伴星或卫星。

　　彗星的本体是冰和尘冻结而成的"脏雪球"彗核，大小一般为几百米到几十千米。很多彗星沿着扁长椭圆轨道绕太阳公转。当彗星运行到离太阳较近之处时，彗核表层冰蒸发并带出尘埃而形成彗星大气——彗发，其尺度甚至可达千万千米，受太阳辐射作用而发出荧光，显得又大又亮。太阳辐射的斥力作用使彗发物质背离太阳方向而形成长长的彗尾，长度可达 1 天文单位以上。在太阳系的外围约一千到十万天文单位处有球壳状的彗星库——**奥尔特彗星云**，估计储存着上千亿颗彗星。它们偶尔因附近的恒星引力摄动而改变轨道并进入太阳系

图 2.4 2016 年英仙座流星雨 | 图源：National Astronomical Observatory of Japan

内区，才被我们看见。

比彗星及小行星更小的天体统称**流星体**，其中微小的流星体又被称为**行星际尘埃**或**宇宙尘**。若流星体在绕太阳运行的过程中接近地球，就会高速闯入地球大气，烧蚀发光，呈现为明亮光迹划过长空的流星现象。流星（体）群闯入地球大气，会形成壮观的**流星雨**，见图 2.4。大些的流星体在大气中没有烧蚀殆尽，其残骸陨落到地面则成为**陨石**。有的流星体在陨落过程中会发生爆裂而落下"**陨石雨**"，例如 1976 年 3 月 8 日的吉林陨石雨。

▶ 2.3 太阳

从物理性质上说，**太阳**属于恒星，它们中心区温度高达千万开尔文（K）以上。此处 K 为绝对温度单位，其零点为 −273.15 ℃。绝对温度同普通摄氏温度之间的换算关系为：绝对温度 $T(K)$ = 摄式温度 t（℃） + 273.15。在高温高压条件下，原子核聚变产生热核反应，释放出巨大的能量，发出很强的辐射。太阳是人类研究得最深入的典型恒星。我们看到的日轮表面是太阳的**光球层**，通常所说的太阳半径（69.55 万千米，记为 $R_{\odot}$）指的就是光球层半径。光球层厚度约 500 km，有效温度大约为 5777 K。光球层往外依次是太阳大气的**色球层**和**日冕**，那里物质稀薄透明，辐射比光球层弱得多，平时用肉眼基本看不到，仅在日全食时因月球遮住光球才易见到。太阳的总辐射功率被称为**太阳光度**，记为 $L_{\odot}$，$1\ L_{\odot}$ = 3.845×10^{26} J/s。地球仅能接收到太阳辐射的 22 亿分之一，但这已经相当于目前全世界人类总发电功率的几十万倍！

⊛ 太阳的性质和结构

观测表明，太阳表面呈现出赤道区自转快、高纬区自转慢的较差**自转**现象。赤道区相对于遥远恒星的自转周期为 24.47 天，但由于地球绕太阳作轨道运动，我们直接观测到的是太阳自转会合周期，长度为 26.24 天。应注意，文献中常用卡林顿的自转周期数值——会合周期 27.2753 天（或恒星周期 25.38 天），这大致相当于太阳纬度 26° 处（大致相当于黑子及周期性太阳活动）的自转。从 1853 年 11 月 9 日起，人们开始采用**卡林顿自转周期编号**，以追踪黑子群活动或喷发现象。太阳内部也存在较差自转，且转速不同于表面。太阳赤道面对黄道面的倾角为 7.25°，太阳北极的赤径和赤纬分别为 286.13° 和 63.87°。

我们看到的太阳表面是**光球层**（简称**光球**）。一般把光球以下作为太阳内部，而从光球层往外作为太阳大气。下面我们从内向外，对太阳的结构作一介绍。

1. 太阳内部

我们虽然不能直接观测到太阳内部，但可以从有关的观测资料出发，借助理论来计算太阳内部结构，即求出其密度、压强、温度等物理量随半径的变化关系。研究结果表明，太阳内部可分为三层：**核反应区**、**辐射区**、**对流区**，如图 2.5 所示。

（1）**核反应区**　范围大致从太阳中心到约 $0.25R_\odot$ 处，集中了约一半质量的太阳物质，主要成分是氢。由于太阳物质的自引力压缩效应，此区域的密度高达 151 g/cm³，中心温度达到 1.57×10^7 K，压强为 2.33×10^{11} 巴。

是什么能源机制长久地为太阳的辐射提供着能量呢？历史上人们先后提出过化学能、引力势能转化为热能、放射性元素蜕变能等假说，但都不足以解释

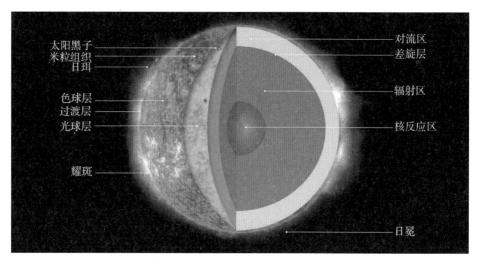

图 2.5　太阳内部的分层结构 | 图源：ESA

太阳辐射的长久维持问题。20 世纪 20 年代，爱丁顿初步提出在太阳中心区的高温高压条件下可发生"氢燃烧"——氢聚变为氦的热核反应，释放出巨大的能量。1938 年贝特系统性地完善了氢聚变为氦的热核反应理论，才基本解决了太阳及其他恒星的能源问题。为此，贝特荣获 1967 年诺贝尔物理学奖。后来，人们在地球上实现了这种核反应并制成了"氢弹"。

（2）辐射区　范围约从 $0.25R_\odot$ 到 $0.7R_\odot$，密度和温度都很快向外减小。核反应区产生的能量经此区以辐射方式向外传输转移。从核反应区直接产生的是高能 γ 射线光子，经辐射区物质接连地吸收并再辐射转化为较低能量的光子，自内向外依次变为 X 射线、远紫外线、紫外线、可见光光子，最后主要以可见光光子等形式辐射出来。

辐射区往外经过差旋层后就进入对流区，物质也从辐射区的均匀自转变为对流区的较差自转。据此，人们推测太阳磁场产生于差旋层。

（3）**对流区或对流层**　范围约从 $0.7R_☉$ 到光球层底部，密度和温度进一步向外递减。在这一范围内，能量主要以对流方式向外传输，同时此区域的湍动产生的低频声波也可向外传输能量。

2. 太阳大气

太阳大气是指可以直接观测的太阳表面以上层次，一般按温度随高度的变化情况进一步划分为**光球（层）**、**色球（层）**、**过渡层**和**日冕**等层次，见图 2.6。

（1）**光球层**　太阳的光球层厚度为几十到几百千米，它是太阳大气的底层，也是太阳大气密度最大、温度最低的层次。光球对太阳内部的高能光子辐射是不透明的，我们观测到的太阳可见光辐射主要来自光球，呈现为太阳圆面。前述太阳半径就是指光球半径。 在高分辨的太阳像上可以看到很多米粒状的较亮

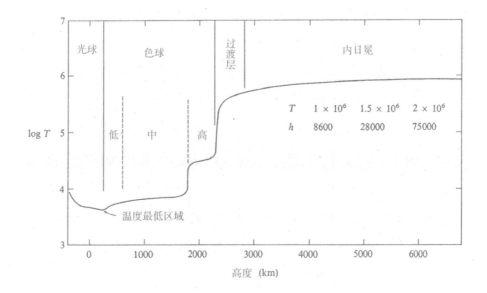

图 2.6　太阳大气的温度随高度变化情况 | **图源：Athay，1976**

图 2.7 太阳光球上的米粒组织 | 图源：SST

小斑，称为**米粒**，其角径为 0.25″ ~3.5″ ，线尺度大小为 180~2540 km。太阳表面的米粒总数约 500 万个，米粒的总面积约占表面总面积的一半，如图 2.7 所示。米粒一般比其周围亮 30%，温度高 300 K。

米粒现象起源于对流。光球层处于温度较高的对流层上面，热的对流元胞上升，将多余热量辐射掉后，变冷的气体就分开而沿米粒边缘向下返流回去。米粒的寿命约 10 分钟。1954 年天文学家首先发现光球层存在着大尺度（25000~85000 km）的水平运动，持续几小时。更多的观测研究建立了超米粒的大对流图像。在可见的太阳半球上平均约有 2500 个超米粒元胞，其直径为 20000~54000 km，平均寿命约 20 小时。米粒和超米粒都是对流运动在日面的表现，它们之间有些类似，但也有差别。除了尺度不同之外，米粒形成的有效深度约 400 km，即属于光球层的浅对流；而超米粒形成的有效深度约 7200 km，即属于对流层的深对流。米粒呈较亮的斑，而超米粒没有明显的亮度表现，主要利用速度场观测才得以发现。超米粒对太阳活动区的形成和发展也有重要影响，在活动区中的超米粒有更大尺度、更长寿命和更明显轮廓。而米粒尺度小，其影响也不会很大。席蒙等人认为，可能存在尺度 200000~300000 km 的**巨泡**（giant cell）或**巨米粒**，几乎延伸到整个对流层。在活动区附近观测到的巨大结构可能是巨泡的表现。

（2）**色球层** 从光球之上到高度约 2000 km 的范围内是色球层，按温度随高度升高情况再细分为低、中、高三层。色球的可见光辐射仅为光球的几千分之一，因而平时用肉眼看不到色球。在日全食的食既和生光瞬间，月球挡住了明亮的光球（日轮），它上面玫瑰红色的色球层才显现出来。色球层由稀薄透明的气体组成，连续光谱辐射很弱，主要产生发射线辐射，氢的谱线，尤其是 Hα 线辐射很强，因而使色球呈红色。1868 年日全食时，洛克耶在闪现出来的色球光谱（闪光谱）中发现波长 587.562 nm 的未知元素谱线，直到 1895 年后人们才在地球上找到这种元素，这就是氦（英文 Helium，有太阳的元素之意）。自海耳发明太阳单色光照相仪，尤其是李奥研制出单色（偏振干涉）滤光器和色球望远镜后，人们就可以方便地直接观测色球了。

色球层是很不均匀的，上面有亮暗斑组成的网络结构、针状物（日芒）、冲浪、暗条和日珥、耀斑等特征和活动现象，如图 2.8 所示。

在高分辨的色球像上，色球外缘有很多"火焰"特征，被称为**针状物**或**日芒**。它们是从宁静色球网络射向日冕的细长喷流，始于色球中层、向上延伸可超过 10000 km，宽度约 800 km，寿命为 5~10 min，向上运动速度 20~25 km/s。针状物的数目随高度增加而减少，在色球层中约有 25 万个。

冲浪（又称**日浪**）实际是形状呈笔直的或稍弯尖峰的一种物质抛射现象。冲浪爆发区的大小为几百到 5000 km，抛射速度可达 50~200 km/s，最大高度达

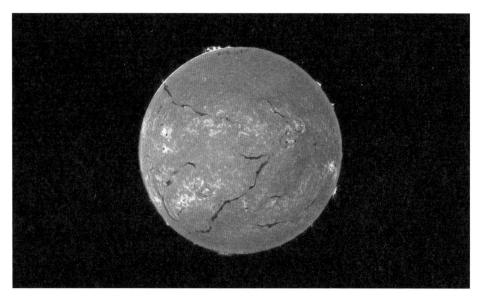

图 2.8 太阳色球照片,上面可见清晰的暗条。暗条一般有较强磁场,并且有特殊的磁场形态,比如缠绕的磁力线 | 图源:NOAA/SEL/USAF

10000~20000 km。其中的物质通常先加速度上升,达到最高点后又加速返回,寿命多为 10~30 min。冲浪内有小纤维束状的细结构,各纤维之间相距几角秒,但同步运动和发亮。冲浪有重复出现的趋势,其抛射常在约 1 小时后在原地重复,但规模逐渐减小。

　　日珥是突出于日面边缘外的一种活动现象。早在公元前 1400 年前我国古代甲骨文卜辞上就载有日食时出现三个大"火焰"的现象,它们应该就是日珥。用单色光观测到的日珥在日面亮背景上呈现为**暗条**(见图 2.8)。日珥的形态多种多样,如浮云、喷泉、圆环、拱桥、火舌、篱笆等。日珥的大小不一,主要存在于日冕中,其下部常跟色球相连。日珥有复杂的精细结构,一般由很多细长气流组成,而流线上又有亮块或亮点。日珥的寿命为几小时到数月,它们都有较强的磁场,不同的日珥和日珥的不同细节的磁场有差别。一般来说,活动日珥（尤其某些细节）比宁静日珥的磁场强些，可达 150~200 高斯。磁场对日珥的形成及变化起重要作用。

根据日珥的形态和运动特征，人们提出了几种不同的分类法。一般倾向于把日珥分为两大类：

（i）**宁静日珥**，结构较稳定，寿命长（可持续几个月）。它们起初是较小的活动区暗条，位于反极性活动区之间的反变线或边界上。有时可从其一端进入黑子。当活动区扩散时，日珥变为较长且厚的宁静暗条，在几个月里，它的长度可持续增长，并缓慢地向极区移动。

（ii）**活动日珥**，经常出现在活动区内或黑子附近，也常与耀斑伴生，运动变化剧烈，寿命短（仅几分钟到几小时）。它们的平均温度和磁场都比宁静日珥高得多。活动日珥多种多样，活动最激烈的被称为**爆发日珥**。

从色球层顶部到日冕底部之间为过渡层。它是色球层和日冕之间质量和能量流动的分界层，温度从几万开陡升至百万开。色球层，尤其是色球–日冕过渡区的温度随高度增加而增加，其加热原理是一个尚未完全解决的重要问题。

（3）**日冕** 日冕是太阳大气最外层，能延展到几倍太阳半径甚至更远处。日冕中物质极其稀薄，非常透明，但温度却达百万开。日冕主要由质子、高次电离的离子和自由电子组成。它的可见光辐射仅约为光球的百万分之一，因此平时用肉眼看不到日冕。只有在日全食时，月球遮住了太阳光球的强烈辐射，这时才能看到在日轮周围显露出的广延的白色微弱光辉，也就是日冕（见图2.9）。

1931 年，李奥在望远镜光路中央增加一个小圆锥镜，使它如月球一般遮住日轮像从而形成人造日食的效果，研制成**日冕仪**。日冕仪装在高山上，即可在良好天气条件下进行内日冕的观测。航天时代以来，天文学家又利用衍射原理设计了新型日冕仪放在航天器上，用以更有效地观测日冕。日冕亮度一般随日

图 2.9 日冕 | 图源：NASA/Aubrey Gemignani

心距增加而减小，可延展到 $5R_\odot$ 以上，没有明确外边界。从日全食时拍摄的白光日冕照片上，可以看到日冕有相当复杂的形态结构，见图 2.9。其中很醒目的亮束延展结构称为**冕流**，有的下部呈盔状，底部常有较暗的冕穴位于日珥之上。冕流可持续几个太阳自转周。**日冕射线**是较细长的亮束。在太阳活动极小时期，射线尤其显著且数目多。有些日冕射线呈羽毛状从极区散开，故称为**极羽**，其分布类似于长条形磁铁磁极附近的磁力线。细的射线约 1″ 宽，而粗的超过 20″，长度可达 1100″（或 $1.1R_\odot$）以上，寿命约 15 小时。**冕环**是亮的环状结构，典型大小约 $1000\,\mathrm{km} \times 10000\,\mathrm{km}$，在几天到两星期就会发生显著变化，见图 2.10。

早在 1957 年，瓦德迈尔就注意到日轮外的日冕有**暗区**。过去曾认为太阳上可能存在所谓 M 区，那里发出的粒子流造成了以 27 天为周期的地磁扰动。直到 1974 年，天空实验室拍摄的 X 射线太阳像上，清楚地揭示了日轮上的暗区——**冕洞**才是这些粒子流的源区，科学家们便不再使用 M 区的概念了。冕洞是日冕上温度和密度较低区，也是单极、开放的较弱磁场区，因而允许高速太阳风粒子流出（见图 2.11）。冕洞大致可分为极区冕洞、延展冕洞和孤立冕洞三种。冕洞在太阳活动极小期比极大期更大，寿命也更长，有的甚至超过 10 个太阳自转周，而小冕洞寿命约 1 个太阳自转周。冕洞的显著特征是刚性自转，天文学家曾观测到一个从南到北跨越纬度范围 90° 的延展冕洞在历经几个太阳自转周也没有明显形态变化。在太阳（日冕）X 射线像（尤其在活动区纬度带）上可观测到**亮斑**，大小约 20″~30″，常有 5″~10″ 的亮核。X 射线亮斑寿命为 2~48 小时，每天可出现约 2000 个。亮斑常出现于较小的偶极磁区。

图 2.10 太阳边缘的冕环 | 图源：M. ASCHWANDEN ET AL (LMSAL) / TRACE / NASA

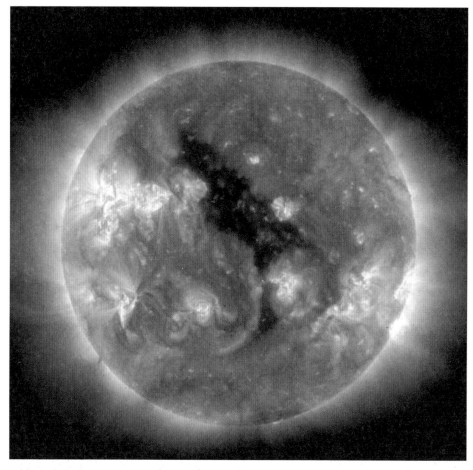

图 2.11 日冕的远紫外像，其中可见清晰的冕洞 | 图源：NASA

　　日冕的光学辐射包含三种成分：（1）K 冕，这是高温日冕的自由电子散射的光球辐射，它是内冕和中冕的主要成分；（2）E 冕或 L 冕，这是日冕离子的发射线辐射，在发射线对应的波长处的单色辐射很强，但对白光的贡献很小；（3）F 冕或内黄道光，这是尘埃散射的光球辐射，对内、中冕贡献小，而对外冕有较大贡献。

　　在日冕光谱上特别显著的有波长 530.3 nm、637.4 nm、670.2 nm 等发射线。自 1869 年起就被观测到的这些谱线跟已知元素谱线都对不上号，曾被认为是太阳的一种新元素，在地球上也始终找不到对应元素。直到 1941 年，埃德伦才揭开冕线之谜，原来，530.3 nm 谱线是高温和密度稀薄的条件下由 13 次电离铁（Fe XIV）产生的"禁线"，637.4 nm 和 670.2 nm 谱线则分别是 Fe X 和 Fe XV 产生的"禁线"。 日冕有三种能量损失机制：辐射耗能、向下的热传导耗能、向外的太阳风和向下流入色球的物质流耗能，总的能量损失速率约为 300~1000 J/m² · s。显然，需要有某些能量输入机制以补偿损耗来维持日冕的高温，这就是日冕加热问题。该问题仍处于争论中，始终未得到解决。

　　1958 年，帕克通过理论研究，预言高温日冕气体可膨胀并连续外流从而形成太阳风。1962 年，水手 2 号探测证实行星际的确存在着超声磁化等离子体流——**太阳风**。从此，太阳风的空间探测研究成为当代热门领域。太阳风的主要成分是电子和质子，还有 α 粒子等一些稍重离子。太阳风可分为慢的和快的：在近地空间，慢太阳风的速度为 300~500 km/s、温度（1.4~1.6）×10⁶ K，其成分与日冕类似；快太阳风的典型速度为 750 km/s，温度 8×10⁵ K，成分几乎与光球相同。相比快太阳风，慢太阳风密两倍且变化多。在太阳活动极小期，慢太阳风主要发生在纬度 30° ~35° 处，近极大期可延展到极区；在太阳活动极大期，从极区也会发射慢太阳风。快太阳风源自冕洞，即磁力线类似烟囱口散开的区域，尤其在太阳磁极附近，这样的开放磁场普遍存在。太阳风速度主要沿径向，也有小的侧向分量（约 8 km/s）。太阳风粒子流耦合着磁场，磁力线呈阿基米德螺线，在 1 AU 处磁场强度约 5 nT（1 T=10000 高斯）。太阳风的粒子数密度和磁场强度大致与日心距的平方成反比，温度则随与太阳距离的增加而缓慢降低。同时，随着与太阳距离的增加，粒子流速度起初快速增加，后逐渐趋于一常数值。太阳风粒子流和磁场有复杂的空间变化和时间变化，其中存在多种扰动和磁流波及等离子体现象。

由于恒星际也存在物质和磁场或恒星际风，太阳风中的带电粒子流和磁场不可能无限地延展，而会被限制在一个巨大磁层——**日球**（heliosphere）内。

◎ 太阳活动与空间天气

粗略地说，太阳是一颗较稳定的恒星，其质量、半径、光度等宏观物理量在较长时期内很少变化。也就是说，太阳通常是较宁静的，虽然不断地发出各种辐射，但仍保持着动态平衡。实际上，太阳也是在变化着的，只是其总的光度变化相对较小。而在它的一些局部区域却经常发生规模不等、有时很剧烈的扰动和变化，即太阳活动，主要表现为显著的黑子、耀斑等多种活动现象。

我们常常可以在太阳上观测到暗黑斑点，即**黑子**；有时也可以看到亮的斑块，即**光斑**。

我国有世界上最早的肉眼黑子观测记载。《前汉书》记载，公元前 28 年，"三月乙未，日出黄，有黑气（即黑子）大如钱，居日中央"。18 世纪中叶以来，天文学家开展了对黑子的常规观测，逐渐揭示出黑子的结构和特性。黑子的温度约为 3000~4500 K，低于其周围温度（约 5780 K），因而呈现为日面暗斑，如图 2.12。黑子的大小不一，从 16 千米到 16 万千米。大黑子有复杂的结构，由中央很黑的**本影**和外面较暗的**半影**构成，如图 2.13 所示。半影含有很多亮条纹，其间夹有暗纤维，有些呈径向纤维结构，有些呈旋涡结构。

黑子从出现到消失，会发生一系列形态结构演变。初现时是小黑点，逐步发展为两个大黑子。位于西面的为**前导黑子**，位于东面的为**后随黑子**，两者的

图 2.12 太阳表面的黑子
| 图源：NASA/SDO

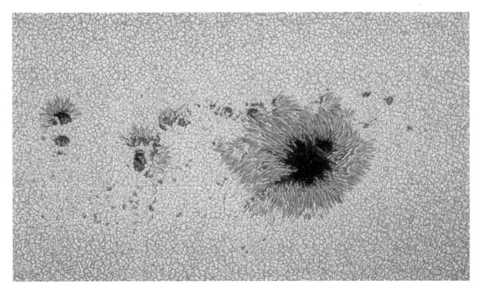

图 2.13 太阳黑子的结构。可以清楚地看到有本影和半影区域，并有纤维、条纹等特征
| 图源：Michael Teoh/Heng Ee Observatory

磁场极性相反，其间又可有一些小黑子，它们组成一个**黑子群**。继之，后随黑子和前导黑子先后逐渐消失。有的小黑子只存在 3 小时，多数黑子的寿命小于 11 天，但大黑子的寿命长达几个月甚至一年以上。统计得出，黑子群的寿命大致跟它的极大面积成正比。每个黑子都有很强的单极磁场，面积大的黑子磁场更强，少数黑子的磁场达 4000 高斯。黑子出现之初和消失之前磁场变化较大，而中间期磁场变化不大。

黑子相对数目的年均值存在约 11 年的周期变化，但连续两个极大（或极小）的时间间隔却有短于 9 年的，也有长于 13 年的，且各个极大值也不同。黑子很少出现在赤道两旁纬度 ±8° 的区域内和纬度 ±45° 以上区域。在每个黑子周期开始时，黑子一般出现在纬度 ±30° 附近。数月后黑子逐渐增多，出现的

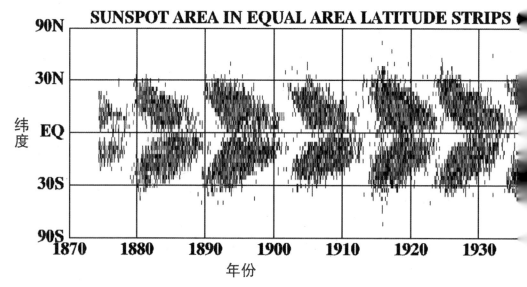

图 2.14 太阳黑子在纬度–时间图上的分布呈现出蝴蝶形状，这一规律被称为斯波勒定律
　　图源：NASA, Marshal Space Flight Center, Solar Physics

平均纬度随时间而减小。末期黑子数减少且在纬度 ±8° 附近消亡，新的黑子又在纬度 ±30° 处出现，进入下一个周期。在黑子群的纬度−时间图上，黑子分布形似一队蝴蝶，因而这种图被称为"蝴蝶图"，见图 2.14。这种周而复始的黑子分布规律被称为**斯波勒定律**。

为了方便记录黑子活动的变化过程，国际上规定给每个活动周（从极小年起算）进行编号。人们规定以 1755 年极小年起算的太阳活动周为第 1 周，以后顺序编号，开始于 2018 年 12 月的为第 24 周。每个活动周都有相似特点：上升期较短，较陡；而下降期较长，较平缓。

如前所述，黑子常成对出现，而且前导和后随黑子的磁场极性相反，称为**双极群**。海耳首先发现，在同一黑子活动周内，太阳北半球的前导黑子总是 S 极，

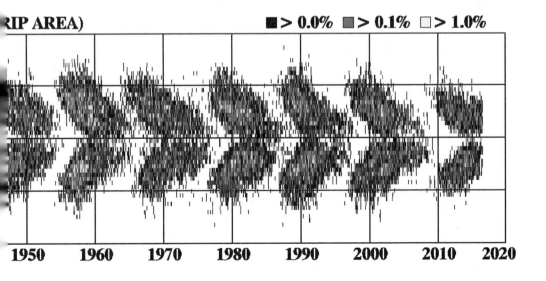

后随黑子总是 N 极；而南半球的则相反，前导黑子总是 N 极，后随黑子总是 S 极。到下个活动周，黑子极性则反过来。从磁场极性分布特征来说，黑子活动的（磁）周期是 22 年，而非单纯数目特征上表现出来的 11 年。

光斑温度通常高于周围光球几百开，形状不规则。有些光斑常伴随黑子，它们彼此联系密切。光斑比黑子先出现几小时或几天，聚集成两部分，具有类似黑子群的偶极特性。光斑寿命比黑子长，平均为 15 天，长的可达 2.7 个月，也有约 11 年的活动周期。光斑的纬度分布也跟黑子类似，但比黑子分布带宽些。此外，还有分布在纬度 70° 以上的极区光斑，其出现跟黑子没有明显关系。向外延伸到色球层的光斑，便称为**谱斑**。

1859 年 9 月 1 日，人们在可见光波段观测到一个大黑子群附近"光芒夺目的弯镰刀形耀斑"。同时，地球上发生电讯中断、特大磁暴和极光等现象。从此拉开了太阳耀斑研究的序幕。这样的**白光耀斑**较为稀少。用氢的 Hα 线或（1 次电离 Ca 的）H、K 线进行单色光观测，有时可看到太阳色球局部区域急骤增亮 10 倍以上的现象，即为**耀斑**，也曾称**色球爆发**。耀斑是太阳高层大气（很可能在色球–日冕过渡区或低日冕区）的一种急骤不稳定过程，在短时间（几分钟到几十分钟）内释放出很大能量（$10^{20} \sim 10^{25}$ 焦耳），引起局部瞬时加热。耀斑发生时，不仅谱线辐射快速增长，而且其他多种电磁波辐射（从 γ 射线、X 射线、远紫外到可见光及射电波段）及粒子辐射都可能突然增强，对日地空间环境和地球有重要影响。图 2.15 展示的是 2012 年的一次耀斑爆发，它引起了日珥及物质抛射等过程。

日冕中经常出现激烈运动的瞬变事件，呈环状、泡状、云状等的增亮结构，以 20~3200 km/s 的速度向外冕或行星际运动，抛射出大量物质（主要是由电子和质子组成的磁化等离子体）并产生强烈的电磁辐射，这被称为**日冕物质抛射**

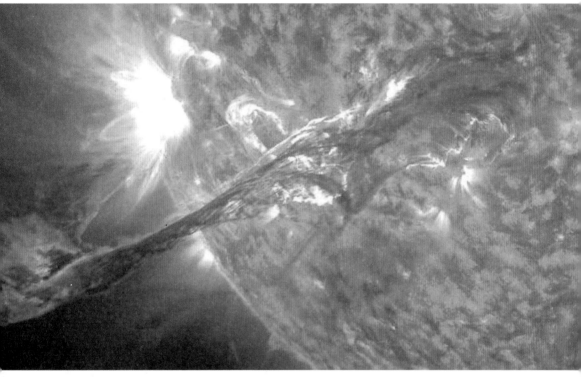

图 2.15　2012 年 8 月 31 日的耀斑爆发，引起日珥及日冕物质抛射 ｜ **图源：NASA**

（CMEs）。平均单次抛射质量约 1.6×10^{12} kg，能量 $10^{23} \sim 10^{25}$ 焦耳。图 2.16 展示的就是一次日冕物质抛射过程。日冕物质抛射在**太阳活动极大期**，每天发生约 3.5 次；在**太阳活动极小期**，约每 5 天发生 1 次。日冕物质抛射常源于日面活动区，伴随着耀斑或爆发日珥。研究表明，与日冕物质抛射和耀斑密切相关的是**磁场重联**现象。磁场重联也就是当方向相反的磁场被物质运动推到一起时，磁力线会突然发生的重新联接的过程。该过程会如同打开阀门般地释放原来磁场贮存的能量，抛射出磁化等离子体并产生强烈辐射。

　　地球上绝大部分能源都直接或间接来自太阳。太阳对地球的影响除了昼夜、

图 2.16 1999 年 8 月太阳产生的一次日冕物质抛射。可以清楚地看到物质被抛出的过程
| 图源：SOHO

季节等正常影响外，还有太阳活动带来的异常影响。研究发现，地磁、气候等的变化跟太阳活动有密切关系，因此**日地关系**研究非常必要。太阳活动增强的电磁辐射和粒子辐射会导致行星际的磁场和粒子扰动，进而影响地球和人类环境。近年来，把太阳、地球以及日地环境中的所有物质总和看作**日地系统**，包括太阳、行星际、地球磁层、电离层、大气各层及地表等区域。实际上，每个区域都构成一门复杂的学科，进而蓬勃兴起了一门新兴的交叉边缘学科——**日地科学**，它把日地体系作为一个整体，研究不同区域之间的相互作用和关联。航天时代以来，国际科联（ICSU）的空间研究委员会（COSPAR）和日地物理委员会（SCOSTEP）等组织开展了多项研究计划，例如 20 世纪 50 年代的国际地球物理年（IGY）、80 年代的国际日地物理计划（ISTP）、90 年代的日地能量计划（STEP）、地球环境模型（GEM）等。

随着航天事业的发展，人们越来越认识到太阳的剧烈爆发活动（如耀斑、日冕物质抛射等）对空间环境的严重影响，以及它给地球磁层、电离层和中高层大气、卫星运行和安全乃至人类健康造成的严重影响和危害。这些空间环境的短期变化或突发事件形象地被称为**空间天气**（Space Weather）。这是近 30 年出现的全新概念，不同于冷暖、风雨等日常气象天气。于是，新兴的空间天气学迅速发展起来。空间天气学涉及空间天气（状态或事件）的监测、建模、预报、效应、信息的传输与处理等，是对空间天气对人类活动的影响的研究以及对相关服务的开发利用等工作的集成，是多种学科（太阳物理、空间物理等）与多种技术（信息技术、计算机技术等）的高度综合与交叉。

▶ 2.4 恒星

恒星是与太阳类似的发光等离子球体，只是其他恒星都离我们太远，所以看起来才呈发光点状。恒星的质量一般在 $0.04M_\odot$ 到 $120M_\odot$ 之间（$M_\odot$ 即太阳质量）。恒星大小差别更大，其半径有千倍 $R_\odot$ 的（$R_\odot$ 即太阳半径），也有仅 10 km 量级的、密度特大的、处于生命末期的致密星（白矮星、中子星、黑洞）。恒星表面温度一般在 2000 K 到 40000 K，表面温度不同的恒星呈现不同的颜色，温度低的呈棕红色，温度高些的呈黄色，温度很高的呈蓝白色，它们的光谱特征也不同。恒星的光度范围在几十万分之一 $L_\odot$ 到 200 万 $L_\odot$ 之间（$L_\odot$ 即太阳光度）。与太阳系的多数天体都是在约 46 亿年前同时期形成的情况不同，当前宇宙中的恒星分别处于不同的年龄阶段，有正在诞生过程中，也有年轻的、中年的、老年衰亡的等各种年龄的。恒星寿命是有限的，质量越大的恒星演化得越快，寿命也越短。太阳的主序阶段寿命约 100 亿年，现在过去了约一半。

⚛ 恒星光谱分类

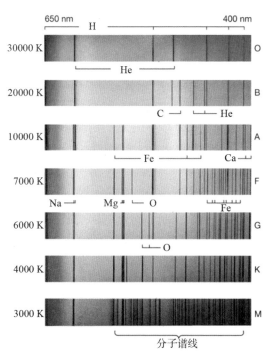

图 2.17 不同表面温度、不同类型恒星的典型光谱
图源：University of Oregon Physics Department

大多恒星的光谱呈现为连续光谱背景叠加吸收谱线，也有出现发射谱线的。恒星光谱包含很多重要信息，研究恒星光谱可以揭示恒星的化学组成、表面温度、光度、直径、质量、磁场、视向运动和自转等很多性质。

19 世纪末至 20 世纪初，天文学家开展了大量恒星光谱的拍摄和分类工作。尤其是美国哈佛大学天文台女天文学家坎农主持的恒星光谱分类工作，她还编辑出版了亨利·德雷伯星表（Henry Draper Catalogue，HD），其中包括几十万颗恒星的位置、星等、自行和光谱型等信息，获得了广泛应用。进入 21 世纪，我国自主研制并投入运行的、有效口径 4 米的郭守敬望远镜高效地获取了大量恒星光谱，为恒星的研究作出了重要贡献。按恒星表面有效温度从高到低的次序，可分为以下不同的**光谱型**：O、B、A、F、G、K 和 M。这些典型光谱型的光谱例子见图 2.17。有些恒星富含碳元素，称为 R 型和 N 型；有些恒星有很强的 ZrO 分子谱线带，称为 S 型。以上一共 10 个次型，排列为：

$$
\begin{array}{c}
S \\
| \\
O-B-A-F-G-K-M \\
\diagdown \\
R-N
\end{array}
$$

　　为了方便记忆这个光谱型次序，有人编了句英语口诀：Oh！ Be A Fine Girl Kiss Me（Right Now Sweetheart）。早先科学家曾以为，恒星的光谱型次序反映了恒星的演化顺序，称 O~B 型的恒星为**早型星**，K~M 型的为**晚型星**。后来经研究知道，不同光谱型之间并没有演化关系，但是"早型星"和"晚型星"却作为习惯术语沿用至今。

◎ 赫罗图

　　测定出很多恒星的质量、光度、半径和有效温度之后，天文学家很自然地要对这些资料进行综合统计分析，探索它们之间可能存在的关系。丹麦天文学家赫茨普龙于 1911 年以光度（绝对星等）和颜色（有效波长）分别作为纵坐标和横坐标，绘出了几个星团包含的恒星的分布图。美国天文学家罗素也于 1913 年分别以光度（绝对星等）和光谱型为纵坐标和横坐标，绘出了众多恒星的分布图。因为色指数和光谱型都是恒星表面有效温度的体现，这两种图实际上是等效的。后来的文献中常把恒星的光谱型（或有效温度，抑或色指数）-光度图称为**赫茨普龙-罗素图**，简称**赫罗图**（H-R 图）。赫罗图（图 2.18）对于研究恒星结构和演化是很重要的工具。

　　每一颗恒星在赫罗图上表示为一点，它们的分布是不均匀的，主要集中在

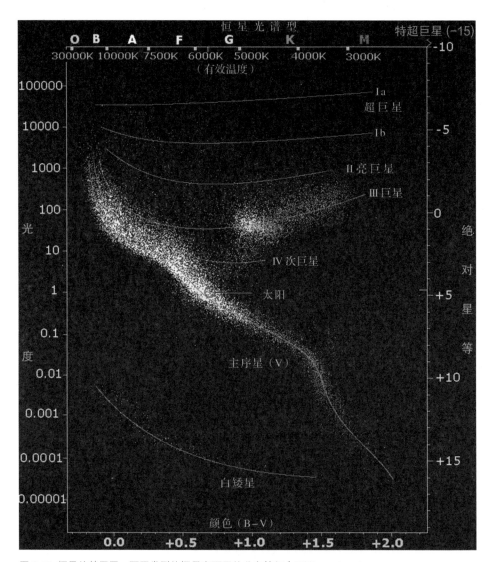

图 2.18 恒星的赫罗图。不同类型的恒星有不同的分布特征 | 图源：Wikipedia

几个区域。绝大多数恒星落在从左上至右下的主序带上，这些恒星被称为**主序星**，也被称为**矮星**。对于主序星而言，表面有效温度越高，光度就越大。有些星在主序带的右上方，它们的光度比相同光谱型（相同温度）的主序星的光度大，说明它们具有更大的半径，这类恒星被称为**巨星**。光度比普通的巨星更大的恒星则被称为**超巨星**。位于主序带左下方的、温度高但光度小的是**白矮星**，它们的体积比相同光谱型的主序星小得多。

主序星的质量 m 和光度 L 之间存在着一定的关系，光度越大，质量也越大，称为质光关系。由观测资料得出近似关系：

对于 $L > L_\odot$ 的主序星，$L/L_\odot \approx (m/M_\odot)^4$，

对于 $L < L_\odot$ 的主序星，$L/L_\odot \approx (m/M_\odot)^{2.8}$。

主序星的质量和半径之间也有一定的关系，可表示为：

$$R/R_\odot = (m/M_\odot)^\alpha,$$

其中，指数 α 的值在 0.5~1 之间，与恒星在主序带上的位置有关。

⚙ 恒星的内部结构

恒星光球以下直至中心的广大区域都属于恒星内部。由于观测不到恒星内部，我们只能根据恒星外部的观测资料（总质量、光度、表面温度、化学成分等），借助已知的物理规律进行理论分析，来计算恒星内部的结构。类似于太阳，主序星是很稳定的，它们的主要成分是氢。由中心区的氢燃烧（氢聚变为氦的热核反应）产生的能量会向外传输到表面而辐射出去，产能率与辐射损失率保持平衡。图 2.19 为不同质量的主序星内部结构的示意图。

大质量的主序恒星核心区氢燃烧是**碳氮氧循环**反应，邻接的是**对流区**，外面是**辐射区**。质量小于 $1.1M_\odot$ 的类太阳主序恒星核心区氢燃烧以质子–质子反

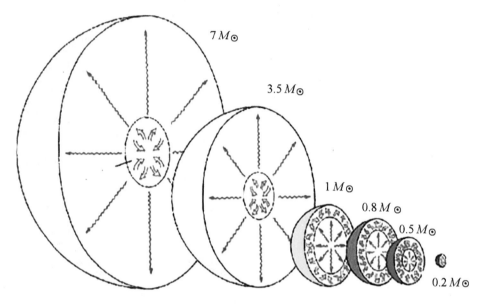

图 2.19　不同质量主序星的内部结构示意图 | 图源：APOD/NASA

应为主，邻接的是辐射区，再外面是对流区。质量小于 $0.4M_⊙$ 的小质量主序恒星核心区氢燃烧为质子–质子反应过程，对流区几乎遍及全星体，没有明显的辐射区。主序阶段过后，恒星核心区发生多层核燃烧，有更重核素依次参与反应。

　　罗素和沃克指出，普通主序恒星的平衡结构由质量和化学成分唯一确定。对于一定质量的恒星，如果知道它某时的化学成分就可以确定它的结构。在恒星演化过程中，由于热核反应，其化学成分会发生改变，恒星结构也随之变化。

　　恒星实际上并不"永恒"。一方面，恒星不断地在空间中移动着，只不过因为它们离我们太远，所以很难察觉它们的运动。另一方面，恒星本身也在演化。正常恒星的演化进程很慢，亮度变化很小。但恒星也会在其某些演化阶段发生剧烈变化，相应地，亮度变化也较大，这类恒星被称为**物理变星**。其中，有些很暗的星体会突然在几天到几十天内增亮几百到几十万倍，同时抛出大量物质，这类恒星即为**新星**。此外，还有爆发规模更大、增亮千万倍到上亿倍的**超新星**。1967 年以来，天文学家发现了一些有射电、可见光、X 和 γ 射线辐射的、亮度具有规则周期性变化的**脉冲星**。它们实际上就是超新星爆发遗留下的高速自转且有强磁场的致密星核，因其主要成分可能是中子而被称为**中子星**。

⚛ 造父变星

1784 年，聋哑青年古德里克发现仙王 δ 是变星，这颗中文名造父一的恒星就是**造父变星**原型。20 世纪初，勒维特考察了小麦哲伦云里的造父变星，发现它们的平均视星等和光变周期的对数呈线性关系。由于可近似认为小麦哲伦云内的各恒星离我们同样远，这种关系实际上反映了一个光变周期内平均绝对星等 M（光度）和光变周期 P 的关系，后来被称为造父变星的周期－光度关系，简称**周光关系**。周光关系可写为：$M = s \log P + b$，式中 s 和 b 分别是斜率和零点。原则上只要精确测定一组造父变星的距离 D（以秒差距为单位）和视星等 m，就可用 $M = m + 5 - 5 \log D$ 算出绝对星等 M。把它们的 M 和 P 代入前式，可以算出 s 和 b。于是，对于其他造父变星，测出 P 和 m，可用周光关系算出 M，进而可以算出它的距离（视差）。星团或河外星系的大小比它们到太阳的距离小很多，因此可以把该星的距离视作它所在的星团或河外星系的平均距离（视差），这样定出的视差被称为**造父视差**。造父视差对于测定星系和星团距离、搞清银河系的结构特性有重要意义，因此造父变星有"量天尺"之美誉。

❂ 白矮星

　　白矮星一般是密度大、体积小、光度低、表面温度较高的白色星。它们是恒星演化晚期抛出外部物质而残留的星核，质量大致跟太阳相当（范围 $0.17\,M_\odot \sim 1.33M_\odot$，大多数介于 $0.50M_\odot \sim 0.7M_\odot$ 之间），但半径仅为 $0.8\% \sim 2\%\,R_\odot$。它们的体积小到跟地球相当，因而密度很大（$10^4 \sim 10^7\,\text{g/cm}^3$，如果取 $10^6\,\text{g/cm}^3$，则相当于每立方厘米 1 吨）。它们内部已没有热核反应能源，靠星体储存的热能传导到表面来维持发光，光度较低。白矮星大多位于双星系统中，它们的绝对目视星等为 $8^m \sim 16^m$，因而只有距离较近的白矮星才容易被观测到。利用光谱观测发现，它们的表面有效温度大多介于 5500 K 和 40000 K 之间，对应于光谱 O 型到 K 型。白矮星按光谱特征分为多个次型，还可按次要特征细分为 DP(有可测偏振的磁白矮星)、DH(未测到偏振的磁白矮星)等次型。

　　普通主序恒星中质量越大的，其半径和体积也越大。白矮星则是质量越大的，其半径和体积就越小。那么，白矮星的质量与半径有怎样的关系呢？钱德拉塞卡的理论研究结果示于图 2.20。白矮星的质量上限约为 $1.44M_\odot$，称为**钱德拉塞卡极限**。因这个重要成果及其他突出成就，钱德拉塞卡与福勒获 1983 年诺贝尔物理学奖。

　　白矮星的极限质量与其化学组成及自转有关。如果白矮星自转很快，离心力可以抗衡部分重力，极限质量就会大一些，但大多数白矮星自转并不快。一些白矮星表面磁场强度达到 $10^2 \sim 10^4$ 特斯拉，强磁场也有助于抗衡引力，因而会提高极限质量值。白矮星的质量存在上限，意味着只有质量小于钱德拉塞卡极限的恒星，或者质量虽然大于该极限、但在演化过程中损失了多余质量的恒星，才能演变成白矮星。

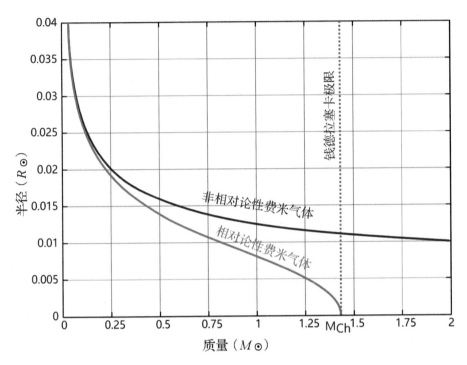

图 2.20　白矮星的质量–半径关系。考虑到大质量白矮星内部的电子是相对论性费米气体，钱德拉塞卡发现白矮星有一个质量上限，此即钱德拉塞卡极限 ┃ 图源：AllenMcC.

⚛ 中子星与脉冲星

朗道很早就提出了巨大原子核的概念，他认为可能存在极端致密的天体。1932 年，查德威克发现了中子。1934 年，巴德和兹维基提出，超新星爆发可以将普通恒星变为**中子星**。这段时期里，关于中子星的理论探讨几乎是纸上谈兵，还没有得到观测验证的希望，因此中子星研究基本上陷入沉寂。直到 1967 年 11 月，帕西尼指出，若中子星旋转并有磁场，就会发出电磁波。在不知这一理论的情况下，休伊什和贝尔偶然发现了射电**脉冲星**，随后天文学家确认脉冲星就是中子星。从此，对中子星和脉冲星的研究成为现代天文学的热点课题。

中子星（或者严格来讲，脉冲星）的发现具有偶然性和戏剧性。1967年7月，英国剑桥大学休伊什小组研制出了用于观测小角径射电源的星际闪烁的射电望远镜。该望远镜工作波长3.7米（频率81.5兆赫），可记录快变信号。研究生贝尔于8月6日记录到一组很强的信号起伏，经过一个月监测，她排除了该信号来自地球上的干扰或来自太阳的可能性。研究小组随即安装了一台更灵敏、响应更快的接收机，于11月28日首次看到：这个奇怪的信号是一系列规则脉冲，脉冲周期为1.3373秒。不久，贝尔又发现另外三个源，脉冲周期都是1秒左右。他们幽默地以外星人科幻小说中的"小绿人"为它们命名，称它们为LGM 1、2、3、4。贝尔写道："我正试图通过一项新技术获得博士学位，而一帮傻乎乎的小绿人却不得不选择我的天线和频率来跟我们通信。"但她很快断定射电脉冲不是外星人的信号，而是来自特殊天体，这些天体就是**脉冲星**。实际上在此之前，其他射电望远镜也曾记录到几次脉冲星信号，但都当作干扰信号处理了。休伊什在《脉冲星》专著中写道："献给贝尔。没有她的聪明和百折不挠，我们就分享不到研究脉冲星的幸运"。1968年，他们在《自然》期刊上发表了题为"一个快速脉冲射电源的观测"的论文，认为脉冲射电源可能就是中子星。这一发现震动了天文界，新的观测研究成果纷至沓来。休伊什因此获得1974年诺贝尔物理学奖。

简而言之，中子星是大质量（$10M_\odot \sim 20M_\odot$）恒星演化晚期留下的坍缩星核，其体积极小，密度非常大。虽然它们的典型半径只有10 km量级，其质量仍可高达约$2M_\odot$。它们比白矮星致密得多，人们推测其内部主要由中子组成。因泡利不相容原理，中子的简并压足以抗衡引力而阻止中子星继续坍缩，维持星体稳定。

可观测的中子星通常都是具有极高温度的，典型的表面温度约6×10^5 K，其密度高达10^{14} g/cm^3，这意味着一茶勺（5毫升）的中子星物质就有几十亿吨重。

它们的表面磁场是地球表面磁场的 10^8 到 10^{15} 倍，通常在 10^8 高斯到 10^{12} 高斯范围，少数更是高达 10^{14} 高斯以上，其表面重力也是地球表面重力的 2 千亿倍。中子星因其密度、温度、压强、磁场、引力场极高等特点，成为科学家研究极端条件下的物理过程的天然实验室。

中子星的质量最小可能小于 $1M_\odot$，最高也许可达 $3M_\odot$，这一质量上、下限还有很大的不确定性。目前实际观测到的中子星最大质量约 $2.01M_\odot$。白矮星质量的钱德拉塞卡极限和中子星质量上限（**奥本海默极限**）的最终数值在理论上仍没有严格确定，而实际情况则更是复杂，它们的质量上限可能受到很多因素的影响，如自转、磁场、物质成分、致密物质中的强相互作用等等。在质量极限附近，中子星与白矮星以及中子星与黑洞的质量范围可以有重叠。例如，质量小于钱德拉塞卡的中子星也是可以存在的。

对于中子星这样高度致密的天体的研究，在理论和观测上都存在着巨大的

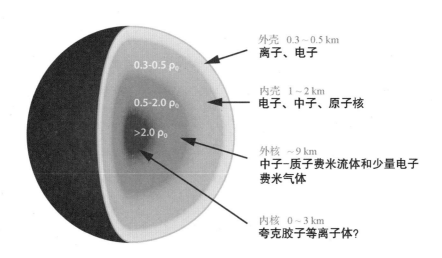

图 2.21 中子星内部可能的分层结构示意。图中 ρ_0 是核物质饱和密度，在此密度下，核子（即质子和中子）开始彼此直接挤在一起 | 图源：Wikipedia

困难。理论上，甚至中子星内部的主要成分可能并非中子，而是夸克这样的更基本粒子。图 2.21 给出了中子星一种可能的结构模型。

在中子星和脉冲星领域有很多引人注目的成就。1968 年，天文学家在**船帆座超新星遗迹**和**蟹状星云**中各发现了一颗射电脉冲星，它们的脉冲周期分别为 0.0892 秒和 0.0331 秒。随后又有天文学家发现蟹状星云脉冲星的光学、X 射线和 γ 射线脉冲辐射的周期与射电脉冲的周期一致，且其辐射能量主要集中在 X 射线波段。它的光学目视星等在 13.9^m 和 17.7^m 之间变化，光谱很特殊，只有连续谱，没有吸收线。1974 年，泰勒与赫尔斯首次发现了一颗位于双星系统中的脉冲星——PSR B1913+16，它绕另一颗中子星转动的轨道的周期只有短短的 8 小时。广义相对论预言，这样的密近系统会发出很强的引力辐射——引力波。从理论上分析，此类双星系统会因损失能量导致轨道收缩，公转周期也会逐渐变小，这一点后来得到了观测的证实，成为广义相对论的一项重要观测检验。泰勒和赫尔斯为此获得 1993 年诺贝尔物理学奖。

1982 年，巴克尔小组发现了自转周期短至 1.6 毫秒的脉冲星 PSR B1937+21，它的磁场比普通脉冲星的磁场弱得多，从而开辟了对**毫秒脉冲星**（MSPs）的观测研究。毫秒脉冲星被认为是 X 射线双星的终结产物。由于它们的自转非常快且极其稳定，此类天体甚至可以用作计时工具，其稳定性堪比地球上最好的原子钟。毫秒脉冲星可以用来研究影响脉冲到达地球的时间的因素，精度能达到百纳秒量级，即 10^{-7} 秒。由脉冲星计时观测可得到很多物理信息，包括该脉冲星的三维位置、空间运动速度（即自行）、自转周期及其随时间的演化、辐射所经路径的星际介质中的电子含量和磁场特征、双星系统的轨道参数等等。综合考虑这些因素后，通过对观测的与理论预报的脉冲到达时间之差的进一步分析，甚至还可以间接探测低频引力波。这方面的研究目前已取得了初步进展。

⚛ 黑洞

　　1783 年，英国天文爱好者米歇尔指出，与太阳密度相同、但半径为太阳的 500 倍的天体，其表面逃逸速度将大于光速，使得它发射的光子都不能逃逸出来。1798 年，拉普拉斯也独立提出，一个密度如地球而直径为太阳 250 倍的发光天体的引力将使光不能离开它。用牛顿经典力学逃逸速度的公式，可估算任一质量天体的这种光子逃逸引力半径。史瓦西求得爱因斯坦引力场方程的球对称解，他针对不旋转球形天体计算出的引力半径（**史瓦西半径**）正好与经典计算结果相同。惠勒于 1967 年首次把这类任何物质或信号都出不来的天体称为黑洞。不转动的黑洞称为**史瓦西黑洞**，其表面称为**视界**，快速转动的黑洞称为**克尔黑洞**。

　　在距离黑洞中心约 1.5 倍视界半径处，可能存在着大量绕黑洞转动的光子，其投影形似光圈，称为光子层。此外，黑洞有以下奇特性质：

　　（1）**黑洞无毛发定理**。任何物体一旦进入黑洞的视界，就将永远消失。因为没有任何信息能从视界内传递出来，以致谈论黑洞内物质的性质毫无意义。外部观测者只需要用质量、角动量和电荷这 3 个物理参数就可以描述黑洞的全部特征，除此之外黑洞没有其他细节。常通俗地将黑洞的这种单纯性称为"黑洞无毛发定理"。

　　（2）**黑洞面积不减定理**。霍金证明，任何黑洞的表面积（视界的面积）不可能随时间减小。两个黑洞可以碰撞而并合成一个黑洞，并合后的黑洞的视界面积一定不小于原先两个黑洞的视界面积之和。但是，一个黑洞不能分裂成两个黑洞，因为这会导致黑洞表面积减小，违反面积不减定理。

　　有趣的是，黑洞可能并非全黑的，它仍有可能因"蒸发"而产生辐射并减小质量。根据量子场论，真空并不是绝对的空虚，而是在不断地产生着正-反粒子对，并且又很快湮灭。这些粒子由于存在时间短暂，不能被直接探测到，故称为虚粒子对，它们一个具有正能量，另一个具有负能量。设想在黑洞视界附近稍外的真空中产生一虚粒子对，它们湮没之前有一个粒子可能被吸入黑洞，剩下的一个粒子将丧失湮没的对象。如果它是负能量粒子，最终必将也掉进黑洞；但如果它是正能量粒子，则由于**隧道效应**，将存在一定的概率能穿透黑洞的引力势垒而逃逸出去。总的效果是：一部分正能量粒子将被发射出去，而掉进黑洞的粒子多为负能量的，导致黑洞的质量减小，这就是黑洞的"**蒸发**"。按照这个理论，一个黑洞犹如一个具有一定温度的黑体一样在产生辐射，其温度只与黑洞的质量有关。更具体地讲，黑洞的温度与其质量成反比。应当注意，在黑洞蒸发过程中，粒子实际上是从视界的外面发出的，不违背视界内的物质不可逃逸出去的前提。黑洞的总质量越小，粒子越容易穿透其引力势垒，蒸发就越快。蒸发过程的能量释放率与黑洞质量的平方成反比，而黑洞的寿命与质量的立方成正比。质量为 $1M_\odot$ 的黑洞一年仅辐射 10^{-20} 焦耳能量，其寿命长达 10^{67} 年；而质量 10^{12} 千克的小黑洞每秒发射 6×10^9 焦耳的能量，其寿命为 10^{10} 年，与星系年龄相当。随着黑洞质量减小，蒸发过程加快进行，其最终消失时可能表现为一次剧烈爆发。在宇宙极早期可能会形成很多小黑洞，但它们今天应该已经完全蒸发消失了。天文学中，人们常用黑洞模型来解释用其他天体难以说明的一些宇宙高能现象。

　　既然光和其他任何物质都不可能从黑洞中传递出来，那该如何探测黑洞呢？我们只能通过间接的途径进行探测，主要有 5 种可能的探测方法：

　　（1）小黑洞蒸发到最后阶段，蒸发速率越来越高，可能会产生强烈爆发现象，辐射出大量 X 射线或者 γ 射线。

　　（2）黑洞的强引力场会使得经过它近旁的光线产生偏折。黑洞能起到**引力**

透镜的作用，以特有的方式使它后面的天体像出现放大或畸变的现象。

（3）在恒星坍缩或大质量天体落入黑洞的过程中会发射**引力波**，在地球上探测到此类引力波，可以间接侦测黑洞的存在。

（4）落向黑洞的气体可以达到极高的速度，因而获得很大的动能。这些气态物质往往不是直接落向黑洞，而是会围绕黑洞旋转，逐渐接近黑洞。在这一过程中，气体会形成盘状结构，称为**吸积盘**，并在垂直于吸积盘的两极方向将少量物质向外高速抛射出去，形成**喷流**。吸积盘中的气体通过粘滞摩擦等机制把动能转化成热能，获得很高的温度，产生 X 射线辐射。利用对此类 X 射线源的观测和分析也可以寻找黑洞。

（5）黑洞具有强大的引力，会对其周围的天体产生相应的引力作用，并在这些天体的运动轨迹中体现出来。通过观测环绕黑洞的天体的运动情况，可以间接探测到黑洞的存在。

然而，γ 射线辐射、引力透镜效应和 X 射线辐射等并非黑洞独有的。例如，气体向中子星或白矮星下落也会产生 X 射线辐射。因此，在分析一个具体的现象时，必须排除其他各种可能性，最后剩下的唯一的选择才是黑洞。寻找黑洞的一个重要思路是从 X 射线双星着手。如果一个发射强 X 射线的双星系统中有一颗子星看不见，但根据另一颗可见子星的轨道运动能估计出看不见的子星的质量远大于中子星质量上限，那么它很可能就是黑洞。例如，利用观测到的以 0.92 倍光速背离我们运动的射电喷流，可以推断致密源 J 1655-40（1994 年天蝎座新星）之伴星可能就是一个质量为 $4M_\odot$ ~ $5.2M_\odot$ 的黑洞。

近年来，天文学家们对引力波的直接探测取得成功。2015 年，人们利用激光干涉引力波天文台（LIGO）首次探测到了**双黑洞并合**的引力波事件 GW150914，这是距离我们 13 亿光年远的位置上两个质量分别为 $29M_\odot$ 和

$36M_\odot$的黑洞并合所产生的。至今，人们已经探测到了超过 70 例类似的引力波事件（见图 2.22），甚至还直接探测到了至少一例双中子星并合引起的引力波爆发。因在引力波探测方面的贡献，韦斯、索恩和巴里什获得 2017 年诺贝尔物理学奖。

　　天文学家相信，黑洞普遍存在于宇宙中，每个星系中央都很可能有一颗**超大质量黑洞**。例如，我们银河系中心就有一个看不见的超大质量（400 多万$M_\odot$）黑洞，它主宰着周围恒星的运动。近 30 年来，天文学家一直在试图寻找确定这个黑洞存在的证据。德国的根策耳和美国的盖兹各领导一个团队，通过追踪银心区一批恒星的运动轨迹，证明银心存在着一个大质量、看不见的天体，其强大的引力使得附近恒星绕它快速公转。他们的观测为银心超大质量黑洞的存在提供了确切证据。因这个重大成果，根策耳和盖兹（与彭罗斯一起）获得了 2020 年诺贝尔物理学奖。另外，特别值得一提的是，2019 年，科学家发布

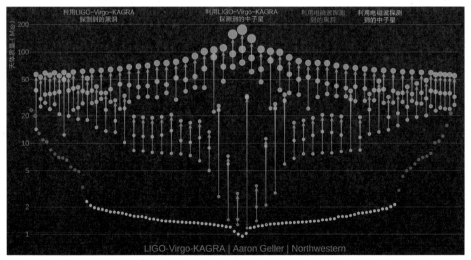

图 2.22 目前科学家探测到的一些并合引力波事件中的天体质量分布
　　│ 图源：LIGO-Virgo / Aaron Geller / Northwestern University

了位于 M87 星系中心的超大质量黑洞照片。它是利用分布在全球各地的 8 架大型射电望远镜组合构成的事件视界望远镜（EHT）拍摄的，也是人类获得的首张黑洞照片，为我们揭开了黑洞的神秘面纱。2020 年，事件视界望远镜团队还进一步发布了位于银河系中心的超大质量黑洞照片。这两张珍贵的黑洞照片见图 2.23。

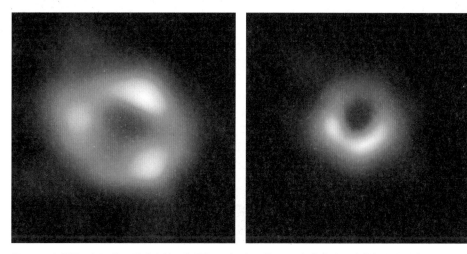

图 2.23　事件视界望远镜团队发布的两张黑洞照片。左图是 2019 年发布的人类拍摄的第一张黑洞照片。该黑洞位于室女座星系团中的 M87 星系中央，距地球约 5500 万光年，黑洞质量约为 65 亿太阳质量。右图是 2020 年发布的银心黑洞照片，也是第二张黑洞照片。该黑洞距离我们约 2.7 万光年，质量约 400 万太阳质量 | 图源：EHT Collaboration

✵ 超新星

超新星（supernova，SN）是爆发规模特别大的变星，它们高速抛出气壳，在光度极大时，它的亮度甚至可以超过整个星系。超新星爆发是令人称奇的罕见天象。用望远镜可以观测到遥远星系里发生的超新星爆发事件（图 2.24），深入研究可得到其前身星演化、爆发机制、重元素起源等方面的重要线索。

图 2.24　通过望远镜，可以观测到其他星系中发生的超新星爆发事件 ｜ 图源：NASA，ESA

　　根据光谱和光变曲线，超新星主要有 I 和 II 两型，如图 2.25 及图 2.26 所示。光谱中有氢的谱线（巴尔末线系）的，为 II 型；缺乏氢谱线的，则为 I 型。超新星还可以按照其他元素谱线或光变曲线形状再进一步分型。利用观测资料和理论研究可以建立超新星爆发模型，探索各型超新星的前身星演化、爆发机制、爆发过程及其后果，解释观测事实。经历长期探索，人们得到了两种被广泛认可的超新星模型：**热核聚变爆炸模型**和**星核坍缩模型**，但仍有不少疑难问题需要研究解决。

　　通常比较流行的观点认为，**I a 型超新星**的前身是密近双星中的白矮星，它

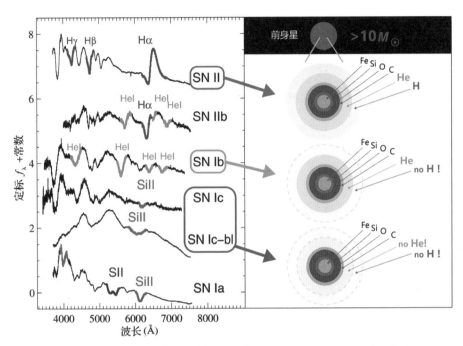

图 2.25 超新星的光谱和分型 | 图源：左：M Modjaz，et al. 2014；右：郭珊

—Ia 型 —Ib 型 — Ic 型 —IIb 型—II–L 型—II–P 型— IIn 型

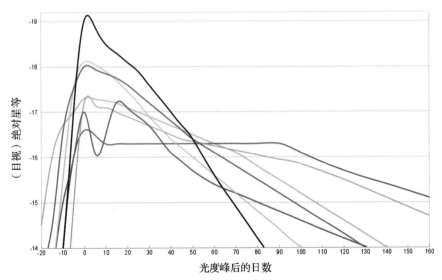

图 2.26 各型超新星的光变曲线 | 图源：OOCalc chart

从伴星吸积足够的物质，使其星核温度升到足够高，碳元素核聚变被点燃并迅猛燃烧，导致整颗星完全爆炸瓦解，如图 2.27 所示。但也有学者认为 Ia 型超新星产生于密近双白矮星的并合，并合后的总质量超过钱德拉塞卡极限，同样也可以产生超新星爆发。这两种爆发机制中的前者被称为单简并星模型，因为整个过程中只涉及一颗简并星（即一颗白矮星），而后者因为涉及两颗简并星而被称为双简并星模型。两种模型到底哪个正确，目前仍在争论中。

Ia 型超新星的光变曲线一般都很相似，在爆发的几秒钟内，急剧的热核反应释放出巨大能量，可达约 10^{44} J，产生强烈的膨胀激波，被抛出的物质速度高达 6000~20000 km/s。热核反应产生大量的放射元素 ^{56}Ni，它们经 ^{56}Co 衰变成 ^{56}Fe。Ia 型超新星的光度峰值约为（目视）绝对星等 -19.3^m，相当于太阳光度的 50 亿倍。不同 Ia 型超新星的光度峰值弥散不大，因此它们常作为"标准烛光"被用来测定其所在宿主星系的距离，并被广泛应用于宇宙学研究中。

除了 Ia 型超新星外，其他类型的超新星基本上都是大质量恒星演化到主序阶段末期，核聚变突然变得不稳定，星核不能抗衡自身重力而坍缩造成爆发的。具体来讲，星核坍缩又可以由不同机制引起。首先，当大质量恒星中心因核聚变而形成的铁核大于钱德拉塞卡极限质量时，由于电子的简并压力不足以提供支撑，它将进一步坍缩为中子星或黑洞，发生爆发。其次，在简并的 O-Ne-Mg 星核内，镁原子核的电子俘获也可以造成重力坍缩，继而引发爆炸性的氧燃烧和超新星爆发。第三，对于质量超过 130 倍太阳质量的超大质量恒星，其中心可能会产生正负电子对湮灭过程，使得压强迅速减少而造成星体坍缩，发生（电子）对不稳定超新星爆发。以上这些大质量恒星塌缩产生的超新星爆发最终可形成中子星或者黑洞，爆发的残骸类别具体取决于大质量星的初始质量、结构和演化历程。

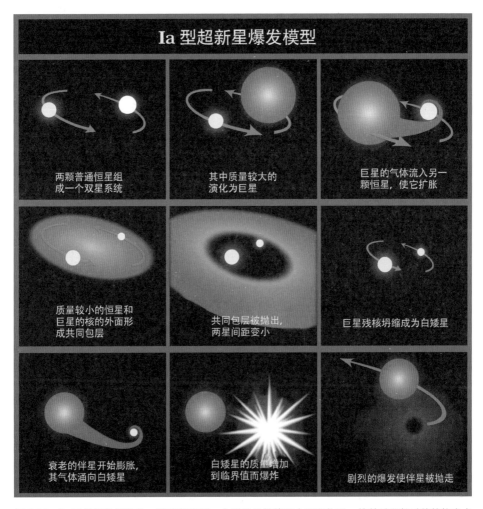

图 2.27　Ia 型超新星爆发的一种流行模型：白矮星从其伴星中吸积物质，使其质量超过钱德拉塞卡极限而完全爆炸瓦解 | 图源：NASA, ESA and A. Feild (STScI)

　　虽然超新星爆发最初基本上都是由于在可见光波段剧烈增亮而被发现的，但实际上在超新星爆发过程中释放的总能量里，电磁辐射能量只占很小一部分，星核坍缩超新星发射的电磁辐射能量占比更少。另外，不同类型超新星释放的总能量也差别巨大。

　　Ia 型超新星爆炸的大部分能量用于重元素合成和为抛出物提供动能。爆炸形成的重元素中约 $0.5M_\odot$ 是由硅燃烧产生的放射性 ^{56}Ni，^{56}Ni 很快衰变（半衰期 6 天）为 ^{56}Co，最后再衰变（半衰期 77 天）为稳定的 ^{56}Fe。这些放射性核素的衰变过程会释放大量能量，产生电磁辐射。衰变过程结束后，Ia 型超新星的亮度会快速降低。

　　星核坍缩型超新星释放的能量大多用于中微子发射，少部分会转变为动能，造成星体炸毁和物质抛射。虽然这类超新星的平均目视光度暗于 Ia 型超新星，但释放的总能量却大得多。在此类超新星爆发过程中，首先会经历星核坍缩，瓦解的核子会产生大量电子中微子，随后超高温中子星核会进一步产生大量中微子辐射。绝大部分中微子会直接逃逸出去，只有约 1% 的中微子会与外层物质作用，它们的能量驱使外层物质向外膨胀爆炸。最终，超新星爆发会残留下一个向外膨胀的气体遗迹。

　　对于银河系中已爆发的超新星，如今只能通过观测爆发后留下的遗迹来对其进行研究。超新星遗迹的具体成分包括：膨胀的光学星云、射电展源、X 射线展源和脉冲星。例如，蟹状星云是银河系内于公元 1054 年爆发的一颗超新星的遗迹，它离太阳 2000 pc，光学区域为 4 pc × 3 pc，质量约 $2M_\odot \sim 3M_\odot$，纤维膨胀最大速度达 1500 km/s。根据蟹状星云当前的状态，人们估计该超新星亮度极大时绝对星等约 -18^m，爆发前的恒星质量约 $9M_\odot$。强射电源金牛 A 的光学对应体就是蟹状星云，在它中央角直径 2' 的区域里能观测到 X 射线辐射，同时它也有很强的红外辐射和 γ 射线辐射，见图 2.28。它在全电磁频谱的辐射总功率约为 1.0×10^{31} W，其中央有一颗脉冲星（中子星）。

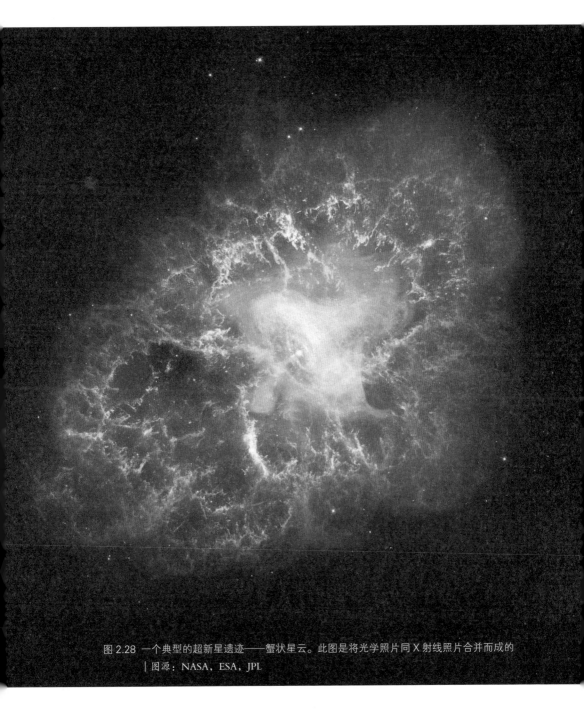

图 2.28 一个典型的超新星遗迹——蟹状星云。此图是将光学照片同 X 射线照片合并而成的
| 图源：NASA，ESA，JPL

▷ 2.5 银河系

　　星空中有很多弥散的云雾状天体，称为**星云**。有些星云离我们较近，是位于银河系内的气体或尘埃云——**银河星云**（简称星云），见图 2.29。有些是银河系之外的**河外星云**，它们实际上是由百万颗以上恒星以及星际气体和尘埃组成的天体系统，称为**星系**。我们太阳系所在的星系就是**银河系**。

　　星系的最主要组成成分是大量的恒星。恒星有单颗存在的，但是大多数的恒星是以成双甚至成团的形式存在的。成双的恒星称为**双星**，三颗恒星组成的系统称为**三合星**，多颗恒星构成的系统统称为**聚星**，拥有十颗以上恒星的系统称为**星团**。星团按照其形状和星数，又分为**球状星团**和**疏散星团**，如图 2.30 所示。

　　银河系中恒星密集的区域呈铁饼状，称为**银盘**，其直径约 13 万光年，厚约 2000 光年。银盘的中央平面称为**银道面**。包围银盘的是近球形的**银晕**，其直径

图 2.29 银河系内的气体星云：猎户大星云（左）和三叶星云（右）

　　| 图源：左：NASA, ESA；右：ESO

图 2.30 左图是一个疏散星团的例子——昴星团，右图是 M13 球状星团 | 图源：左：NASA, ESA, AURA/Caltech, Palomar Observatory；右：Sid Leach/Adam Block/Mount Lemmon Sky Center

约 30 万光年。银河系可见物质的总质量约 2 万亿太阳质量，其中约有 3000 亿颗恒星，占总质量的 90%，而剩下的约 10% 是星际气体和尘埃物质。此外，从银河系的引力影响推断，其外周还存在大量不可见的**暗物质**，它们的质量是可见物质的数倍甚至十倍，但现在还不清楚暗物质究竟是什么。

太阳位于银道面附近，离银河系中心（银心）约 3 万光年。太阳带领其行星系绕银心转动，每 2 亿多年才转一圈，这一时间也被称为**银河年**。太阳系在银河内部的位置使我们必然无法一览银河系全貌。我们在夜空中看到的是银盘投影得到的一个较亮光带——**银河**（中国古代又称**天河**）以及众多散落在周围的恒星。银河系包含若干**旋臂**，其总体结构如图 2.31 所示。

图 2.31 银河系结构示意。图中可见几个主要旋臂｜图源：NASA/JPL−Caltech/ESO/R. Hurt

▶ 2.6 星系

　　星系的质量一般在 $10^6 M_\odot$ 到 $10^{13} M_\odot$。普通星系可按形态特征分为**椭圆星系**、**旋涡星系**、**棒旋星系**、**不规则星系**四大类。图 2.32 是这四种类型星系的一些例子。银河系是棒旋星系，仙女座大星云是旋涡星系，大、小麦哲伦云则都是不规则星系。另外，还有一些**特殊星系**表现出特别的活动特征，并伴随有高能辐

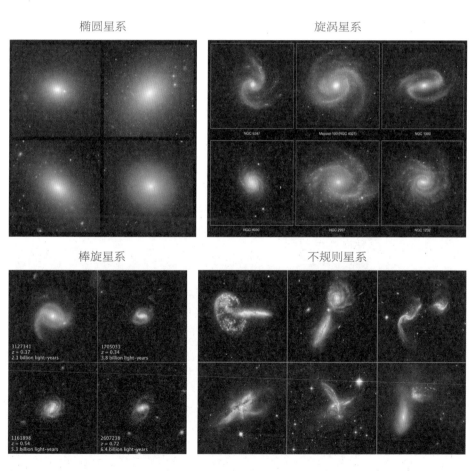

图 2.32 几种不同类型的星系：椭圆星系、旋涡星系、棒旋星系、不规则星系 | 图源：椭圆星系：ESA/Hubble/NASA；旋涡星系：ESO/P. Grosbøl；棒旋星系：NASA, ESA, and Z. Levay (STScI)；不规则星系：NASA

射如 X 射线和伽马射线辐射。星系也有成团的现象，它们可构成**双重星系、多重星系、星系群、星系团、超星系团**等不同规模的结构。例如，大、小麦哲伦云构成双重星系，它们又与银河系组成三重星系，并和玉夫星系等组成多重星系，再跟仙女座星系等组成**本星系群**。星系团和超星系团则是更大的星系集团，图 2.33 和 2.34 分别是一个星系团和一个超星系团的例子。现在我们能观测到的全部空间范围称为总星系（或称可观测的宇宙、我们的宇宙），其中包含普通重子物质约 1.46×10^{53} kg，平均密度约为 4.08×10^{-28} kg/cm^3。

图 2.33 武仙星系团 | 图源：ESO/INAF-VST/OmegaCAM

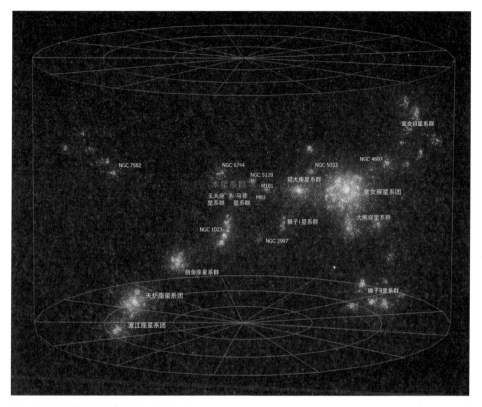

图 2.34 室女超星系团 | 图源：Wikipedia

⚛ 星系谱线的红移与哈勃定律

1912-1928 年间，斯里弗观测得到了 40 多个星系的光谱。用多普勒原理可以从谱线的移动算出星系的视向速度。他发现大多数星系的谱线是红移的，说明这些星系在远离我们，也就是在退行。同时期，哈勃在一些星系中证认出了造父变星，由造父变星的光变周期 – 光度关系得出了星系的距离 D。哈勃意外地发现星系的视向速度 V 与其距离 D 大致成正比关系，距离越远，视向速度越大。随后的更多资料进一步证实了这个关系，即**哈勃定律**，用公式表达为：

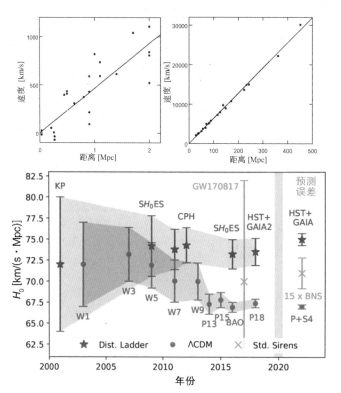

$V = H_0 D$。该式中，距离 D 以百万秒差距（Mpc）为单位，视向速度 V 以 km/s 为单位，比例常数 H_0 称为**哈勃常数**，其单位为千米/（秒·百万秒差距），即 km/（s·Mpc）。哈勃定律的相关观测研究情况如图 2.35 所示。因此，对于一个距离未知的星系而言，如果事先已经测出了哈勃常数 H_0，则只要由测

图 2.35 哈勃定律（上图）和 2000 年以来人们关于哈勃常数的测量情况（下图）| 图源：上：Ned Wright's cosmology tutorial；下：Ezquiaga J M, Zumalacárregui M, 2018

量得到的星系谱线红移求得 V 值，再根据哈勃定律就可以算出星系的距离 D 了。除了少数几个距离较近的星系之外，宇宙中的星系都在向远离银河系的方向运动，因此它们的视向速度也被称为**退行速度**。

为了测量哈勃常数的数值，我们需要事先知道星系的距离。但是，对于遥远暗淡的星系，距离的测量其实是很困难的，我们往往难以分辨其中的单个恒星。天文学家可以用整个星系的性质估算距离。一种性质是定得较好的绝对光度，常称为**标准烛光**；另一种性质是定得较好的线直径，常称为**标准测竿**。尽

管有多种测量方法，星系距离的测定仍然常常存在很大的误差（30%~50%），因此确定 H_0 值也就十分困难。哈勃和哈马逊在 1930 年前后测定的 H_0 值在 500 ~ 550 km/（s·Mpc）范围内，近年测定的更准确 H_0 数值则大为减小，在 50 ~ 85 km/（s·Mpc）范围内，见图 2.35。现在我们在习惯上把哈勃常数写成 $H_0 = 100 h$ km/（s·Mpc）的形式，则其中的 h 满足：$0.5 \leqslant h \leqslant 0.85$。哈勃定律表明，星系都在向远离银河系的方向运动着，星系越远，退行速度越大。哈勃由此得出结论：宇宙的可见部分正在均匀膨胀，星系彼此都在远离，即宇宙空间正在膨胀。

自从哥白尼时代以来，人们认识到地球不是宇宙中心，人类在宇宙中不占特殊地位。星系的退行现象似乎暗示银河系处于膨胀的宇宙的中心，但天文学家同样断然摒弃了这种观点。实际上，只要整个宇宙都是在均匀膨胀着，则任何一个星系上的观测者都将看到其他星系在退行，从而得出同样的"哈勃定律"。因此，银河系的地位无任何特殊之处，宇宙没有特殊的中心。

⚛ 特殊星系

特殊星系是指因星系核有异常活动或形态特殊而与普通星系有显著差别的星系。半个世纪前，天文学家以为星系都是平静的，只有偶然出现的超新星和新星才会暂时打破沉寂。射电天文学兴起后，人们发现了许多银河系以外（河外）的强射电源，其射电辐射光度比银河系的射电功率大得多 (10^7 倍以上)，这一观测结果暗示其中可能存在一些特殊的活动过程。后来在红外、紫外和 X 射线波段的探测进一步显示出此类星系中特殊活动的存在，并且很多活动与它们的星系核密切相关。如果按照星系活动的规模分类，处于较低活动水平的星系占

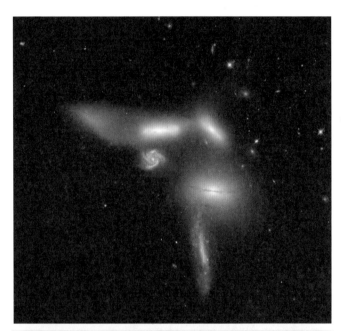

图 2.36 赛弗特六重星系，
　　　　其中一个星系（中）
　　　　的红移为 0.067，
　　　　另外五个星系红移
　　　　为 0.015 ｜ 图源：
　　　　NASA

图 2.37 半人马座 A 的射电、
　　　　X 射线和光学波段
　　　　组合图像 ｜ 图源：
　　　　ESO/WFI (Opti-
　　　　cal)，MPIfR/ESO/
　　　　APEX/A.Weiss et
　　　　al. (Submillime-
　　　　tre)，NASA/CXC/
　　　　CfA/R.Kraft et al.
　　　　(X-ray)

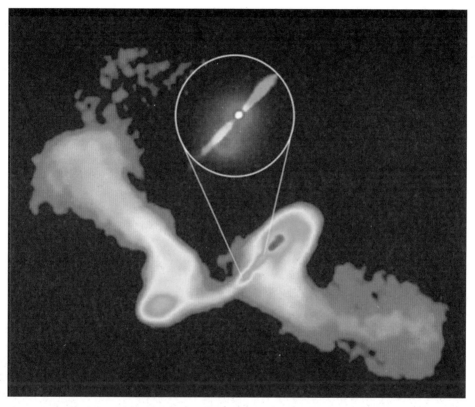

图 2.38 X 形状的射电星系 NGC 326。其射电辐射主要来自中央超大质量黑洞抛射出的喷流
　　|　图源：Chandra X-ray Observatory

绝大多数，故统称正常星系；活动很激烈的星系只占约 2%，这表明在星系的整个演化过程中，进行激烈活动的阶段只是其中很短的一部分。

　　特殊星系的分类和命名比较复杂。最先在光学波段发现的一些特殊星系被通称为活动星系，其中又有一些典型类型被以研究者的名字命名，如赛弗特星系（图 2.36）。在射电波段被发现的、具有强烈射电辐射的星系被称为射电星系（图 2.37、2.38）。还有以该类型中的典型天体名称命名的，如蝎虎天体。也有以星系的主要特性称呼的，如具有高恒星形成率的星暴星系（图 2.39）、

图 2.39 星暴星系 M82，其中有大量的恒星正在诞生
| 图源：NASA, ESA, and The Hubble Heritage Team (STScI/AURA)

彼此之间有着强烈相互作用的**互扰星系**（图 2.40）等等。今天，人们对特殊星
系开展了多波段多信使的综合研究，对它们的活动本质也有了比较深入的认识。

图 2.40 天线星系，其特殊形态是由一对正在碰撞的星系（NGC 4038，NGC 4039）相互作用造成的 | 图源：上：Wikipedia；下：NASA, ESA

◎ 类星体

　　为了搜寻河外射电源对应的光学天体，桑德奇和马修斯进行了一系列研究。他们于 1960 年在射电源 3C 48 的位置上找到一个恒星状天体，其周围有暗的星云状物质，紫外连续辐射很强，呈蓝色。最特别的是它的光谱中有几条具有红移的发射线，由哈勃定律可得出它的距离高达 50 亿光年，说明其辐射功率非常巨大。于是，3C 48 这类貌似恒星、光谱线红移大的射电源被称为**类星射电源**。用紫外敏感底片进行搜索，天文学家们很快发现了许多红移大的**蓝星体**，但它们在射电波段却因辐射很弱而不易被发现。后来人们将它们统称为**类星体**（Quasi-Stelllar Object，Quasar，QSO）。类星体是高光度的**活动星系核**，由超大质量黑洞及其周围的气体吸积盘组成。类星体位于活动的星系中心（如图

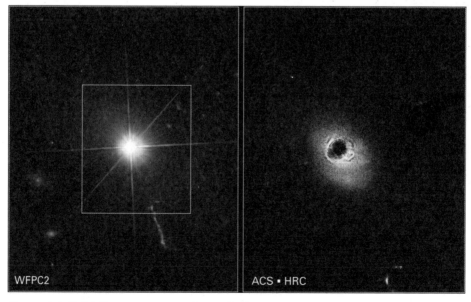

图 2.41 左图是类星体 3C 273 的照片；右图是利用类似日冕仪的设备遮挡住中央明亮的类星体后，观测到的它的宿主星系 | 图源：NASA

2.41），是宇宙中极为明亮且伴随着强烈高能光子辐射的天体。辐射最强的类星体功率超过 10^{41} W，比银河系这样的大星系光度还要大数千倍。类星体电磁辐射的能量源于吸积盘中的气体向黑洞下落时释放的引力势能。它们的辐射分布在全电磁波段，可在射电、红外、可见光、紫外、X 射线乃至 γ 射线波段观测到。目前已知的类星体数目已经超过 20 万个，它们的光谱红移为 0.056~7.085，即距离我们 6 亿 ~288.5 亿光年远。

类星体和其他活动星系的主要观测特征类似，因而把它们归为同一大类。同时，不同类型的活动星系彼此之间又有些差异。这些差异是内禀的（即由它们的结构或物理本质上的差异造成），还是由其他原因所致，这已经成为现代天文研究中一个重要的理论问题。

在大量观测资料的基础上，人们通过综合分析，构建了活动星系核的统一模型，认为它们的活动本质上都是超大质量黑洞吸积造成的。而我们所看到的不同类型的活动表现，主要是由于观测的角度不同造成的。

活动星系核的统一模型如图 2.42 所示。在活动星系的中央有一个超大质量黑洞，环绕在其周围的则是由高温气态物质构成的吸积盘。吸积盘中的物质在绕黑洞运动的同时逐渐坠向黑洞，在此过程中释放出大量的引力势能，同时可能有少部分物质会从两极被向外抛出，形成高速的喷流。吸积盘靠近黑洞部分温度非常高，向外则温度降低。在吸积盘的外周，有气体和尘埃构成的厚环，周围空间中还散布着运动速度或大或小的云状团块。观测者因视线方向与吸积盘面的夹角不同而看到形态不同的活动星系。若视线垂直于吸积盘，也就是直接迎着喷流看过去，系统会表现为蝎虎天体（BL Lac）；若视线略微倾斜，会看到一个赛弗特 I 型星系，也就是高速热气体区辐射主导的宽谱线射电星系（BLRG）；若视线与垂直吸积盘的方向的夹角很大，则会看到一个赛弗特 II 型星系，此时中央的黑

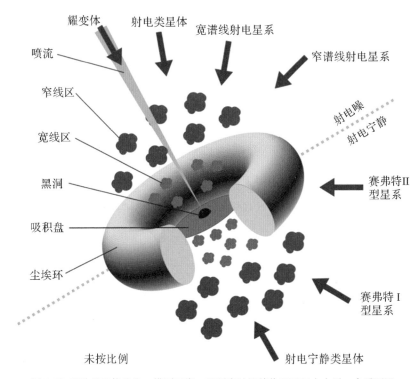

图 2.42 活动星系核的统一模型示意。观测者的视线位于不同方向时，会看到不同形态的活动星系 | 图源：Emma Alexander

洞和高温吸积盘都被厚环所挡住，辐射主要来自外周的低速云状团块，系统呈现为一个窄谱线射电星系（NLRG）。射电辐射的强弱则主要取决于系统中是否有喷流，有喷流的情况下会表现为射电噪星系，无喷流的情况下则是射电宁静的。

　　一种流行观点认为，类星体可能对应着在演化早期阶段的激烈活动着的星系核，而普通活动星系和射电星系则是年老的类星体，它们的活动已趋缓和。就红移的大小而言，类星体的红移普遍较大，赛弗特星系次之，射电星系的红移在它们当中则是最小的。如果这些红移的确是宇宙学的，则红移从大到小意味着天体从年轻到年老。由此可以大致排出活动星系的一个演化序列：类星体，蝎虎天体，赛弗特星系，射电星系，最后终止于正常星系。按照这个观点，今天的绝大多数正常星系应该都曾经历过类星体、活动星系和射电星系等阶段。

宇宙的大尺度结构

星系在三维宇宙空间中的分布并非严格均匀的，而是具有一些宇宙大尺度结构特征的，似海绵、蜂窝或者肥皂泡状，也可称之为**宇宙网**（cosmic web）。具体来说，星系的分布构成了很多**巨洞**、**长城**、**超星系团复合体**

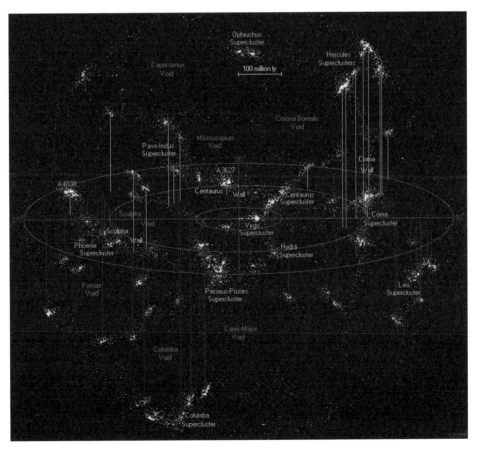

图 2.43 10 亿光年范围内的超星系团分布情况 | 图源：Wikipedia

（supercluster complexes）及**星系纤维**等结构。图 2.43 展示的是在 10 亿光年范围内星系的成团分布情况。

⚛ 宇宙微波背景辐射

反映宇宙膨胀的哈勃定律被发现后，一些科学家敏锐地意识到宇宙可能来自一次大爆炸。早在 1948 年，伽莫夫就估算出宇宙早期大爆炸后，会残留下温度为 5~10 K 的黑体辐射遗迹。1964 年，无线电工程师彭齐亚斯和威尔逊为了查明卫星通信中的天空干扰噪声来源，用一架灵敏度极高、方向性很强的号角状天线（工作波长为 7.35 cm）测量了星空的射电辐射。他们在扣除了所有已知的（包括地球大气、地面辐射和仪器本身的）噪声源后，发现在各个方向上仍然总是能接收到原因不明的微波噪声，其强度等效于温度约为 3.5 K 的黑体辐射。更特别的是，这个信号没有季节和周日的变化。他们于 1965 年在《天体物理学报》上以《在 4080 兆赫兹上额外天线温度的测量》为题发表论文，正式宣布了这个发现。天文学家狄克、皮伯斯、劳尔和威尔金森则在同一期杂志上以《宇宙黑体辐射》为标题发表了一篇理论论文，对该发现给出了正确的解释，明确指出这个来自太空的各向同性的额外辐射就是理论家们预言的**宇宙微波背景辐射**（cosmic microwave background radiation，CMBR）。宇宙微波背景辐射有时也简称为**背景辐射**、**3 K 背景辐射**或者**原始背景辐射**。

宇宙微波背景辐射的发现在近代天文学中具有非常重要的意义，它为**大爆炸宇宙学**理论提供了一个强有力的证据。宇宙微波背景辐射与类星体、脉冲星、星际有机分子一道，并称为 20 世纪 60 年代天文学"四大发现"。彭齐亚斯和威尔逊也因发现了宇宙微波背景辐射这项划时代的伟大成就而当之无愧地荣获

图 2.44 威尔逊（左）和彭齐亚斯（右）在发现微波背景辐射的号角形天线前
| 图源：ASSOCIATED PRESS

1978 年的诺贝尔物理学奖。图 2.44 是彭齐亚斯和威尔逊以及他们发现微波背景辐射时使用的号角状天线。

为了更精确地检验微波背景辐射是否严格符合原始火球的黑体辐射谱特征，人们进一步开展了多波段观测。首先，人们在地面上开展了 0.33~73.5 cm 波段的测量，结果完全符合温度 2.7~3.0 K 的**黑体辐射**的普朗克能谱。随后，人们用气球把红外探测器送上高空，发现微波背景辐射在红外波段的测量结果也符合温度 2.7 K 的普朗克分布。20 世纪 90 年代初，天文学家还专门发射了宇宙背景探测器（COBE），更准确地探测了波长 0.5~10 mm 范围内宇宙微波背景辐射的能谱和方向分布。该项目发现宇宙微波背景辐射的能谱非常精确地符合温度为（2.726 ± 0.010）K 的黑体辐射的普朗克分布（见图 2.45），并发现太空中

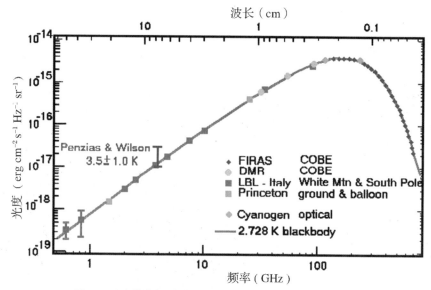

图 2.45 宇宙微波背景辐射的能谱与 2.7 K 的黑体辐射谱完美符合

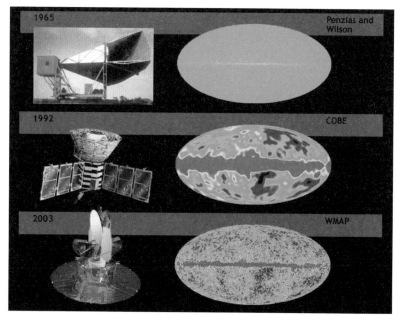

图 2.46 探测宇宙微波背景辐射的三个里程碑 | 图源：NASA

不同方向上微波背景的温度有十万分之一幅度水平的不均匀性。值得指出的是，这种温度差异虽然极其微小，但却非常重要。通常认为，这个温度涨落起源于宇宙早期极小尺度上的量子涨落，它们随着宇宙的暴胀而被放大到宇宙学的尺度。也正是由于这种涨落的存在，带来了宇宙中物质分布的不均匀性，最终才得以形成今天我们所看到的超星系团和星系团这类大尺度结构。负责 COBE 项目的美国科学家马瑟和斯穆特因发现"宇宙微波背景辐射的黑体形式和各向异性"而获得 2006 年诺贝尔物理学奖。

总而言之，COBE 取得的成果也是人类在宇宙学研究中的里程碑。它不仅为人类确立了大爆炸宇宙学理论的模型，而且帮助人们更好地研究早期宇宙，更多地了解恒星和星系的起源，同时也使宇宙学进入了"精确研究"的新时代。

宇宙微波背景辐射的微小各向异性是天文学家高度关注的特征。到目前为止，人们对它进行了大量的地面和空间的精确测量（图 2.46）。从 1998 年末到 1999 年初，回旋镖球载望远镜（Boomerang telescope）通过高空气球携带 1.2 米望远镜和热辐射探测器，在南极上空开展了观测。它的角度分辨本领比 COBE（角分辨率约 7°）提高了 35 倍，发现了很多温度有微小差别（0.0001 K）的热斑和冷斑，它们的角大小不到 1°。2001 年 7 月 30 日，美国发射威尔金森微波各向异性探测器（WMAP），精确地测量了整个天空的微波背景各向异性功率谱（见图 2.47），并根据这些观测结果精确地得到了宇宙的一些重要参数，如哈勃常数、宇宙年龄、物质密度等等。2009 年 5 月，欧洲空间局（ESA）发射了普朗克（Planck）卫星，在更小尺度和更高精度上精细测量了宇宙微波背景辐射。

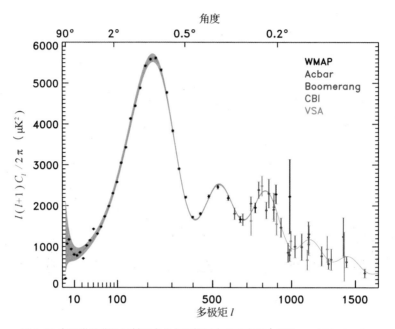

图 2.47 宇宙微波背景辐射温度各向异性对应的功率谱 | 图源：NASA/WMAP

▶ 2.7 宇宙学

　　宇宙学把可观测范围内的时空作为一个整体，研究宇宙的性质、结构和起源演化。由于宇宙包罗万象，性质极其复杂，因此必须从观测事实出发，作出简化假设来建立物理宇宙模型。总体而言，星系在整个宇宙中的分布是高度均匀的，如图 2.48。**宇宙学原理**就是根据大量观测事实而抽象出来的一个基本假设：宇宙在大尺度上是均匀的和各向同性的。为了纪念哥白尼，也把这一假设称为**哥白尼原理**。

　　宇宙中的物质和辐射在大尺度上是均匀分布的。至于在较小尺度上，宇宙中的物质分布显然是不均匀的，物质聚集成恒星、星系、星系团、超星系团等结构。在研究整个宇宙的起源和演化时，我们要先忽略这些较小尺度上的特征，

图 2.48 在近红外波段观测到的星系在全天的分布情况

| 图源：2MASS（Two Micron All Sky Survey），Courtesy of Dr. T.H. Jarrett（IPAC/Caltech）

以便抓住事物的主要矛盾。根据宇宙学原理，宇宙在所有方向上有同样的空间性质，在宇宙中没有一个方向或地方能跟其他方向或地方相区别，宇宙没有中心，也没有边缘。任何一个星系中的观测者无论往哪个方向看，观测得到的宇宙的大尺度特征都相同，都符合哈勃定律。

　　人类利用各种望远镜设备所看到的一切即为**可观测的宇宙**，然而这不可能是宇宙的全部，还有很多天体因太暗和太远而尚未被看到。因此，存在着比可观测宇宙更浩瀚的**物理宇宙**，它既包括可观测宇宙及可探测到其物理效应的客体（如暗物质和暗能量等），还包括当前观测能力范围之外客观存在的物质世界。20 世纪以来，出现了很多不同的宇宙学学派，这些学派提出了许多具体的宇宙模型，其中大多数都采用了宇宙学原理，还采用了自然规律普适假设——物理学定律和其他自然科学规律可以适用于整个宇宙。

　　爱因斯坦通过对有加速度的非惯性系中更普遍情况下的引力问题的研究，提出了等效原理和广义协变原理，并于 1915 年创立了**广义相对论**。**等效原理**是说惯性质量等价于引力质量，引力和惯性力的物理效果完全没有区别，即不能区分重力加速度和其他力产生的加速度。**广义协变原理**则是指一切参考系都是等价的，物理规律在任何坐标变换下形式不变。他依据这两个原理给出了**引力场方程**：

$$R_{\mu\nu} - \frac{1}{2} R\, g_{\mu\nu} + \Lambda\, g_{\mu\nu} = \frac{8\pi G}{c^4} T_{\mu\nu}$$

　　这是一个二阶张量方程，左边描述的是时空几何，而右边描述物质及其运动。$R_{\mu\nu}$ 是**里奇张量**，表征空间的弯曲状况；R 是**曲率标量（标度因子）**；$g_{\mu\nu}$ 是**时空度规张量**；Λ 是**宇宙常数**；$T_{\mu\nu}$ 为**能量–动量张量**，表征物质分布和运动状况；G 是牛顿万有引力常数；c 是光速。引力场方程把时间、空间和物质、运动四个自然界最基本的物理要素联系起来。对于 4 维时空（时间 1 维、空间 3 维），张量有 4×4 个分量，场方程是二阶非线性偏微分方程组。一般情况下场方程的求解是非常困难的，只有在一些对称的简化假设下才可得到准确解析解。在弱场以及低速近似下，爱因斯坦场方程可退化为牛顿引力势方程。

　　爱因斯坦最初的场方程中不包含**宇宙常数项**，他将这个场方程应用于整个宇宙，并在物质均匀分布的简化条件下得到了一个静态宇宙模型，这成了现代宇宙学的开端。1930 年，爱丁顿证明这个模型是不稳定的，只要有小扰动，就会不停膨胀或收缩下去。爱因斯坦为了得到稳定的静态宇宙，在场方程中人为加入了宇宙常数项，即相当于引入了一个斥力。随着星系退行和宇宙膨胀的发现，爱因斯坦的静态宇宙模型被观测否定了。爱因斯坦也后悔在引力场方程中为达到静态而引入了宇宙常数项，称之为自己一辈子最大的错误。然而，20 世纪末以来的观测研究强烈暗示宇宙在加速膨胀，这支持了宇宙常数项在引力场方程中的存在。

1922 年，弗里德曼得到了不含宇宙常数项的引力场方程在均匀和各向同性条件下的通解——**弗里德曼宇宙模型**。该模型中空间是膨胀的，星系彼此远离的速度跟距离成正比，而这刚好与 1929 年发现的哈勃定律一致！广义相对论场方程存在满足宇宙学原理的三类解，对应于三类宇宙空间：（1）封闭有限的正曲率宇宙，未来最终会坍缩；（2）平直无限的平坦宇宙，未来一直膨胀，但最终膨胀速度趋于零；（3）开放无限的负曲率宇宙，未来会一直膨胀下去。

⚙ 大爆炸宇宙学

根据哈勃定律，宇宙正在膨胀，如果将时间回溯，则在过去某一时刻宇宙中的物质必然紧密拥挤在很小的空间范围内。勒梅特因此提出了**原始原子**的概念，他认为宇宙起源于原始原子的爆炸。1948 年，伽莫夫、阿尔弗和赫尔曼运用原子核物理学和基本粒子的知识，将宇宙膨胀与元素形成联系起来，建立了大爆炸元素形成理论，奠定了**大爆炸（Big Bang）宇宙学**的理论基础。后人进一步发展了这个理论，使之成为宇宙演化的"标准模型"，其中较具代表性的是近年来以参数量化的**含宇宙学常数的冷暗物质模型**（ΛCDM model）。

大爆炸宇宙学采用了宇宙学原理，认为宇宙始于一次猛烈的巨大爆炸。但应指出，这个爆炸与弹片四散的炸弹爆炸不同。首先，我们不能指出某一特殊点，说大爆炸发生在那里，而应该说大爆炸同时在空间各处发生。也正因为如此，无论在什么地方观测什么方向，都能看到相同的、由宇宙早期热气体发出的残留背景辐射。其次，大爆炸是空间自身的膨胀，大爆炸发生的时刻也是时间的起点，在大爆炸之前没有独立于物质而存在的时间和空间。

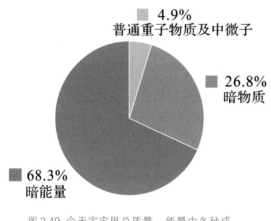

图 2.49 今天宇宙里总质量–能量中各种成分所占的比例 | 绘图：郭珊

综合 Ia 型超新星（SN Ia）、宇宙微波背景辐射（CMBR）、重子声学震荡（BAO）等不同方面的有关观测资料，可给出今天的宇宙密度参数及暗能量、暗物质所占的比例。人们对标准宇宙学模型的最新测量结果是：现今宇宙的总质量–能量中约含 4.8% 的普通重子物质、0.1% 中微子、26.8% 的（冷）暗物质以及 68.3% 的暗能量，如图 2.49 所示。此外，测得的宇宙年龄最新结果为（137.99 ± 0.21）亿年，宇宙学常数 Λ 值为 $2 \times 10^{-35}\ s^{-2}$。

☸ 宇宙和天体的演化简史

整个宇宙和各类天体是怎么形成和演化的？自古以来，人们就关注和探索这些问题。一些猜想演绎成为神话故事，如我国的"盘古开天辟地"。在英国，类似地，也有个主教根据《圣经》"推算"出上帝在公元前 4004 年用六天创造了天地万物。当然，到了今天，仅仅是科学测定的地球年龄约 46 亿年这一事实就足以否定这种上帝创世说了。广义地说，宇宙演化（cosmogony）包括起源（origin）和狭义上的演化（evolution）两方面的内容。具体来讲，天体的起源是指某天体在何时、从什么形态的物质、通过什么方式和过程形成的。当其他状态的物质演变到新的天体形态时，就说这个天体形成了。天体的演化是指天体形成后又经历怎样的变化过程，直到最终演变为另一形态的天体。

现代天文观测和理论研究越来越多地揭示了宇宙和各类天体的奥秘，得到它们的起源和演化史，更正了历史上很多错误的观念。但宇宙中仍有大量的未解之谜，不少争议性的问题也有待进一步的研究。这里，我们按宇宙和天体的形成演化的时间次序简要介绍宇宙演化方面的主要研究成果。

天文学家根据星系谱线红移、宇宙的空间膨胀、宇宙微波背景辐射等观测证据，利用广义相对论等物理理论，建立了大爆炸宇宙学的"标准模型"，系统地、科学地阐述了宇宙和天体的起源及演化史。从大爆炸起算，宇宙的演化可大致分为 4 个阶段：（1）**极早期阶段**，即宇宙年龄 10^{-32} 秒之前；（2）早

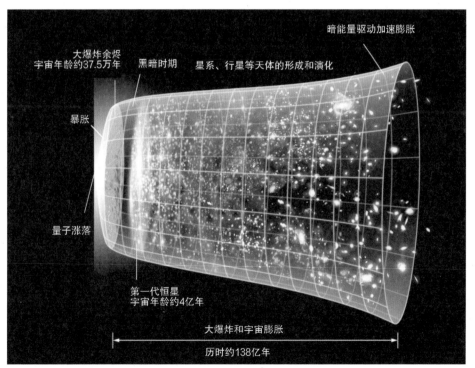

图 2.50 宇宙演化史示意。水平方向代表的是时间进程，垂直方向则代表宇宙的大小变化
| 图源：NASA

期阶段，即暴胀结束后直到宇宙年龄 1.5 亿年时，包括漫长的"黑暗时代"；
（3）**大尺度结构形成阶段**，从宇宙年龄 1.5 亿年到现在，并可能向后延伸至
1000 亿年后，此阶段的主要特征是恒星和星系等天体的形成与演化；（4）**久
远未来阶段**，恒星形成将完全终止，宇宙可能面临一片死寂的命运。更具体地，
根据宇宙的温度、密度及发生的主要过程，还可以将演化过程细分为几个重要
时期（era）和多个时代（epoch）。图 2.50 形象地概括了宇宙演化中的一些重
要过程。

我们常觉得宇宙极其复杂也充满神秘，难以想象和理解。1976 年，温伯格
撰写了一本著名的科普书《最初三分钟》，清楚而生动地介绍了整个宇宙的演
化史，在社会上产生了广泛和深远的影响。概括地说，高温高密状态的早期宇宙，
仅仅用了三分钟就极其高效率地完成了宇宙物质的奠基工作，决定了随后上百
亿年中宇宙的演变方向。下面我们将分阶段进行具体介绍。

1. 宇宙的极早期阶段

按当前的宇宙膨胀情况逆推回去，大爆炸约发生在 138 亿年前。以大爆炸
时刻作为计时的起点，那时所有的物质堆积在一起，密度、温度及能量趋于无
限大，在数学上称为**奇点**。但奇点的存在不符合量子力学的基本原理。量子物
理学中有一条著名的**不确定关系**：任何一个物体的动量和位置不能同时测准，
能量和时间也如此。因而有最小的普朗克时间 5.3912×10^{-44} 秒和普朗克长度
1.6162×10^{-35} 米 [1]。现有的物理定律不能确切给出宇宙从大爆炸后 0 秒到 10^{-44} 秒

---

1 普朗克时间 $t_p = (Gh/2\pi c^5)^{1/2} = 5.3912 \times 10^{-44}$ s，普朗克长度 $l_p = (Gh/2\pi c^3)^{1/2} = 1.6162 \times 10^{-35}$ m，普朗
克质量 $m_p = (hc/2\pi G)^{1/2} = 2.1764 \times 10^{-8}$ kg，普朗克能量 $m_p c^2 = 1.2210 \times 10^{28}$ eV（h 为普朗克常数，
G 为万有引力常数，c 为光速）。

的量子混沌情况。此阶段完全超出了现今粒子物理的实验范围，目前只能在理论上进行探讨，希望将来可通过更精确的天文观测进行检验。甚至还有人提出了这样的图像：可能存在多个**平行宇宙**，它们的时空彼此独立，各自演化发展，我们的宇宙跟其他平行宇宙没有任何物理联系。当然，这种假说如果无法通过观测进行检验的话，其可信度自然就大打折扣了。人们推测，宇宙的极早期阶段还可以具体细分为以下 3 个时代。

（1）普朗克时代

从大爆炸到 10^{-43} 秒称为**普朗克时代**（Planck epoch），那时的温度极其高，以致自然界四种基本相互作用力，即电磁力、引力、弱相互作用力和强相互作用力（表 2.1），可能处于大统一的状态，也就是说，它们可无差别地用同一种相互作用规律描述。

表 2.1 自然界的四种基本相互作用力

基本力	相对强度	范围（m）	作用	相互作用粒子
强相互作用力	1	10^{-15}	维系原子核	夸克、质子、中子
电磁力	10^{-2}	无限	维系原子、分子、晶格，支配电磁波传播	全部带电粒子
弱相互作用力	10^{-14}	10^{-17}	放射性衰变	夸克、电子、中微子
引力	10^{-40}	无限	维系天体系统及其运动	所有物质

四种基本相互作用中，我们最熟悉的是电磁力和引力，它们在无限范围内均可起作用。典型情况下，粒子之间电磁力的强度是引力强度的 10^{38} 倍，但电磁力仅在带电粒子之间起作用，而引力在一切有质量的粒子之间均起作用。弱相互作用和强相互作用仅在短程起作用。弱相互作用参与的物理过程包括：大

质量核素的放射衰变，中子衰变为质子、电子和反中微子，以及中微子和其他粒子的相互作用。强相互作用把质子和中子束缚在原子核内，其强度最大。

对于温度极高的普朗克时代，由于量子效应，广义相对论不再适用，人们目前也无法利用其他物理理论可靠地推演当时的状况。但是，仍有学者从"新物理学"角度进行了一些尝试，例如提出了弦理论等等。

（2）大统一时代

从大爆炸后 10^{-43} 秒到 10^{-36} 秒，宇宙经历了大统一时代（grand unification epoch）。随着宇宙的空间膨胀和温度降低，四种力先后彼此分离（见图 2.51），

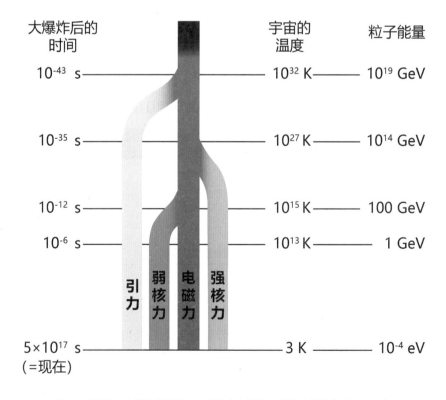

图 2.51 随着宇宙的温度降低，四种基本力从统一状态先后分离 | 绘图：郭珊

可认为这一过程类似于普通物质凝集和冻结的"相变"。引力首先分离出来，其余三种力仍保持统一状态，此时统一描述这三种力的理论被称为**大统一理论**（grand unified theory，GUT）。这一时期产生了重子（baryon，包括质子、中子及更大质量的粒子）多于反重子（反质子、反中子等）的不对称性，结果导致今天宇宙中的正物质远多于反物质。否则，在宇宙膨胀冷却过程中，重子和反重子就会全部湮灭为光子，不会留下现在的（重子）物质世界。这种转变也可能会触发后续的宇宙暴胀。

（3）暴胀时代

在大爆炸后约 10^{-32} 秒之前，宇宙经历了一个在空间各方向迅猛膨胀的时期——**暴胀时代**（inflationary epoch）。在此期间，宇宙的尺度暴胀了至少 10^{26}（甚至可能更多）倍，体积增大至少 10^{78} 倍。空间的迅猛膨胀意味着大统一时代留下的基本粒子将稀疏地遍布宇宙，分布在更大的空间中。暴胀结束后，宇宙演化的轨迹继续按照原先的大爆炸理论进行，即暴胀仅对标准模型的极早期作了修改。重要的是，暴胀的只是空间，因而粒子之间的距离虽变大了，但不涉及粒子的运动，粒子速度仍然不会快于光速。暴胀理论可以解释为何今天的宇宙看起来几乎是平直的开宇宙，也就是说，它可以解释宇宙为何是平坦的。

2. 宇宙早期阶段

宇宙暴胀结束后，空间中充满夸克-胶子等离子体。人们对此后的早期宇宙中的主要物理学过程是比较了解的。大爆炸后 10^{-12} 到 10^{-6} 秒是**夸克时代**（quark epoch）。宇宙温度降到了足够低的程度，四种基本力都彼此分开了，成为与现在相同的形式。基本粒子有了质量，但相对而言，夸克时代的宇宙温度仍然太高，不允许夸克结合起来形成强子（hadron）。

　　强子是一种亚原子粒子。所有受到强相互作用影响的亚原子粒子都称为强子，主要包括重子和介子（meson）。重子由三个夸克或反夸克组成，其自旋总是半整数，它们又主要包括质子和中子等。介子由一个夸克和一个反夸克组成，其自旋总是整数。宇宙从大爆炸后的 10^{-6} 秒到 1 秒是**强子时代**（hadron epoch）。起初，宇宙中的夸克-胶子等离子体可形成强子/反强子对，但随着温度降低，新的强子/反强子对不再产生，且已形成的强子与反强子还会在湮灭反应中消失。这样，约在大爆炸 1 秒时，反重子基本上完全湮灭消失，仅残留少量强子，主导宇宙物质。中微子也从与其他物质的热平衡中退出耦合（**退耦**）并开始自由地在空间中运动。由于中微子的能量很低且与物质的作用极其微弱，今天仍难以像观测宇宙微波背景辐射那样对宇宙中微子背景进行观测。然而，大爆炸核合成预言的氦丰度和宇宙微波背景辐射的微小各向异性都可作为中微子背景存在的很强的间接证据。

　　从大爆炸后 1 秒到 10 秒是**轻子时代**（lepton epoch）。强子时代结束时，大多数强子与反强子均相互湮灭，留下的轻子与反轻子主导宇宙物质。轻子（lepton）是不参与强相互作用、自旋为半整数的粒子，主要包括电子、μ 子、τ 子以及与它们对应的中微子和反粒子。大爆炸后约 10 秒，宇宙温度降到不再生成新的轻子/反轻子对，已有的大多数轻子与反轻子也在湮灭反应中消失，仅留下少量残余轻子。

　　从大爆炸后 10 秒到 38 万年是**光子时代**（photon epoch）。在上述轻子时代结束时，大多轻子和反轻子湮灭后，宇宙的能量就由光子主导。这些光子频繁地与电子和核子相互作用。光子时代一直延续到大爆炸后约 38 万年。

　　从大爆炸后 3 分钟到 20 分钟是**核合成**（nucleosynthesis）时代。在光子时代，宇宙温度就已经降到允许早期核反应发生的程度了。这时，质子（p，即氢原子核 ^1H）和中子（n）进行核反应形成稳定的原子核氦 4（^4He）及少量氘

（D，即 ^{2}H）、氦 3（^{3}He）、锂（^{7}Li）等轻元素，还能生成不稳定的氚（T，即 ^{3}H）、铍（^{7}Be）等，它们很快衰变为 ^{3}He 和 ^{7}Be。核反应常用简洁的记号进行表达，一些记号及其对应的反应如下：p (n, γ) D 即 p + n → D + γ、^{3}He（^{4}He, γ）^{7}Be 即 ^{3}He + ^{4}He → ^{7}Be + γ，其中 γ 为光子。

由于宇宙的温度和密度迅速降低，核形成过程无法继续下去，核合成时代仅持续了约 17 分钟。到核合成时代结束时，所有中子都已结合到氦核中，留下的重子物质质量丰度为：氢（^{1}H）约占 75%，氦（^{4}He）约占 25%，氚（D）和氦（^{3}He）约占 0.01%，此外还有极其微量（约 10^{-10} 量级）的锂。理论计算得到的这些轻元素丰度与今天宇宙中的观测结果完全一致，这也是大爆炸宇宙学的证据之一。

复合（recombination）**时代**始于大爆炸后约 38 万年，也就是紧接在**光子时代**之后。由于宇宙温度和密度降低，自由电子会同带正电的氢核、氦核结合为中性的氢原子、氦原子，此过程称为复合。在复合结束时，宇宙中的大多数质子和电子都被束缚于中性原子内，整个宇宙的物质也随之变为电中性的状态，而不再是等离子体状态。因此，光子的平均自由程变得很大，宇宙随之变为透明，此即通常所称的**光子退耦**。这些光子遗留到今天，就成了我们所观测到的宇宙微波背景辐射，只不过由于宇宙空间膨胀了近千倍，光子气体也大大变冷了，目前，这种辐射主要在微波波段可见。

另一方面，从物质和辐射之间的相对关系来看，从暴胀之后直到大爆炸后 4.7 万年是**辐射主导期**（radiation dominated era）。这里说的辐射通常是指进行着相对论性热运动的宇宙成分，主要是光子和中微子。这时宇宙的动力学特征由辐射决定，宇宙标度因子（相当于宇宙的尺度）随时间 t 的变化量正比于 $t^{1/2}$。在此期间辐射与物质之间存在着强烈的相互作用，也就是说它们耦合在一起，随空间膨胀而一起冷却。光子因宇宙标度因子的变大而红移，能量减小，辐射移向长波。

由于此时温度还很高，电子的能量很大，不能跟原子核结合为中性原子，宇宙总体上是由大致等量的带正、负电荷的粒子组成的等离子体构成。在这期间发生的很多重要事件确定了现在的宇宙性质，例如几乎所有的反粒子都和正粒子湮灭，留下少量多余的正粒子来"建造"我们的宇宙。

大爆炸后约 4.7 万年到 98 亿年之间是**物质主导期**（matter dominated era），物质的能量密度既超过辐射的能量密度，也超过真空能量密度。此时期宇宙的标度因子随时间的变化正比于 $t^{2/3}$。

大爆炸后 38 万年到约 1.5 亿年之间是**黑暗时期**（dark age），现在认为这一时期一直持续到大爆炸后 1.5 亿年至 8 亿年。此时期宇宙微波背景辐射温度从 4000 K 冷却到约 60 K。在退耦之前，宇宙中的光子频繁地同等离子体中带电的电子和原子核相互作用，宇宙是不透明的。退耦之后，光子可以自由地在宇宙中穿行，并且基本上不会发生散射，整个宇宙也变得透明，但是这时的宇宙相当均匀，其中没有恒星发出光亮，因此称之为黑暗时期。此后，在引力不稳定性的作用下，微小的密度扰动逐渐被放大，暗物质塌缩形成暗物质晕，带动气体物质逐渐聚集形成第一代恒星。这些恒星发出的光可以电离周围的气体，直到最后整个宇宙中的介质都被**再电离**，至此黑暗时期进入尾声，宇宙进入黎明时期。

3. 大尺度结构形成阶段

现今观测到的一切尺度上的结构——从恒星和行星到星系、星系团乃至超星系团，都是在宇宙演化中形成的。物理宇宙学中的一个重要问题即为：最初的小的密度涨落是怎样借由引力不稳定性而形成星系和大尺度结构的？现代的 ΛCDM 模型能成功地解释星系团、超星系团和巨洞的大尺度分布特征，但在个别星系尺度上，由于涉及强子物理、气体加热和冷却、恒星形成和反馈等高度非线性过程，研究仍存在很多困难。通过高灵敏度观测和计算机模拟来了解星系形成过程，是宇宙学的重要课题之一。

在宇宙极早期，暴胀过程确定了宇宙演化的初始条件：高度均匀、各向同性和平直。暴胀也把此前的微小量子涨落放大为稍密和稍稀的密度涟漪。在辐射主导期，引力势涨落保持不变，大于宇宙视界的密度涨落与标度因子成正比继续增长。但由于高温辐射不利于结构增长，小于视界的结构基本上保持冻结。随着空间的不断膨胀，光子能量因红移而降低，辐射密度的减小速度大于物质密度的降低速度，导致大爆炸后约 5 万年时，宇宙从辐射主导转变为物质主导。此后，所有尺度的暗物质密度涟漪都可以自由增长，当重子物质落入这些高密度暗物质形成的陷阱中时，便会快速形成结构。特别是复合时代以后，宇宙微波背景辐射在密度和温度上的不均匀变化虽然很小，却很重要。早期的结构"种子"会逐渐发展成复杂的层次结构：较小的引力束缚结构会形成包含首批恒星和星团的物质峰，它们会再跟气体和暗物质合并而形成星系、星系团和超星系团等更大的结构。**大尺度结构形成**的过程可从大爆炸后 1.5 亿年一直延续到未来 1000 亿年，这段漫长的时间对应的是宇宙最波澜壮阔的演化阶段。

4. 久远未来阶段

宇宙的最终结局是什么？这主要取决于诸如宇宙学常数、质子衰变等一些基本物理常数和标准模型之外的自然规律。对于宇宙在久远未来的可能演化和最终结局，至少有以下几种极具争议的猜想。

（1）**热寂**(heat death)

在宇宙空间无限膨胀情况下，能量密度会一直减小，最终宇宙中各处温度趋于绝对零度。宇宙可能会在 10^{100000} 年的漫长时间之后，达到接近热力学平衡的状态而迎来热寂死亡。

（2）大撕裂（big rip）

在宇宙暗能量足够大的情况下，宇宙膨胀率会无限地继续增大。诸如星系团、星系、太阳系等引力束缚体系都会被撕开。最终，膨胀如此之快，以至分子、原子甚至原子核都可能被撕开。宇宙将终结于反常的引力奇点。

（3）大挤压（big crunch）

跟大撕裂情景相反，空间膨胀到某个时刻之后，会反向变为收缩，重新变成高温致密状态。这种大挤压可能意味着震荡的宇宙的形成，即宇宙在大爆炸－膨胀－收缩－大爆炸中周期性地演化。但形成此类宇宙需要一些特殊的物理规律，至于它们是否存在，目前还是未知。不过从现在的观测结果来看，这种循环宇宙大概率不会产生，因为宇宙的膨胀仍在继续，甚至在加速进行，不大可能转入收缩阶段。

（4）真空不稳定性

我们在习惯上认为真空是一种稳定的最低能量状态。但是，量子场论中的假真空理论意味着，在宇宙的某时空点，我们当前的所谓"真空"会自发地坍缩为低能态的、更稳定的"真真空"。宇宙极早期的暴胀可能就是此类机制导致的。在未来是否还会发生类似的真空相变过程，从而导致宇宙向一个全新的方向发展，目前我们对此仍一无所知。

总之，仅仅依据已有的观测资料和已知的理论，去尝试推测宇宙在遥远未来的可能命运的话，目前还很难得出确切结论。

⚜ 宇宙演化历史对人类的启示意义

相对整个宇宙而言，我们人类是渺小的。这种渺小不仅体现在空间上，也体现在时间上。看起来，我们人类无论如何发展，也不可能去影响和改变宇宙的演化进程，那么我们研究宇宙的意义又在哪里呢？

其实，宇宙演化历史会带给我们很多重要启示，可以让我们以更客观的态度和更长远的眼光来看待人类社会的发展。首先，我们知道地球上的一切都是宇宙和天体演化的产物，各种生命也是在漫长演化中出现的，根本不存在任何超自然的力量。其次，认识了宇宙的宏大远古，我们可以更深入地思考人类未来的命运，这样才能更和谐地与自然一起发展。

通过前面的介绍，我们知道，宇宙至今已有约 138 亿年的历史了。这个时间是如此之长，以至我们很难对它有什么清楚的概念。天文学家曾作了一个很直观的类比，把这 138 亿年的宇宙历史想象成我们习惯的一年。下面我们就来看看宇宙在"一年"的不同时期里分别经历了什么吧。

在时间为 0 秒的时候，我们的宇宙从那次著名的大爆炸中诞生了。一开始，宇宙就是一团温度极高、密度极其巨大的火球。随着宇宙的膨胀，其温度和密度不断降低，并演化出一些大尺度结构，直至形成星系、星云、恒星、行星等各种天体，并最终演变成我们今天看到的样子。

在宇宙的年历中，1 月底，我们的银河系就形成了；9 月 1 日，我们的太阳系诞生；9 月 30 日，地球上开始出现极其原始的生物；11 月底，生命开始出现性别的分化；12 月初，地球大气中开始出现大量的氧气成分，为更高级的生命形式的出现奠定了基础；在 12 月 19 日陆地上开始出现植物，在 23 日才有了树这样的高级植物；12 月 25 日，也就是在"圣诞节"那天，地球上出现了恐龙，恐龙在地球上只生活了6天，在新年即将到来之际，也就是在12月30日灭绝了，几乎在同时，地球上开始出现灵长类动物。

那么，我们最关心的人类是何时出现的呢？很遗憾，人类迟迟没有登场。直到12月31日的最后10分钟里，地球上才开始有了早期智人。在最后3分钟里，出现了石器时代的尼安德特人。而我们引以为傲的上下五千年的人类文明，在宇宙年历中也只对应着最后的11秒！

在这短短的"11秒钟"里，我们人类无疑取得了辉煌的成就，但应该说也埋下了隐忧：世界的总人口数在最近一万年里增加了约700倍，地球的平均气温在最近150年里上升了约1.5度；人类已经彻底改变了地球的面貌，城市变成了水泥森林…… 我们很难想象，几百年或者一万年之后，人类社会会发展到什么程度？或者那时地球上还有人类存在吗？

在我们很多人的眼里，恐龙是笨拙的动物，但它们好歹在地球上还生活了"6天"。我们人类会比恐龙更有智慧吗？其实这是一个极具挑战性的问题。别忘了，现代人类在地球上还只生活了"11秒"！朋友们，了解了人类的渺小后，你们有什么感想吗？我们来自不同的地域，学习或工作在十分不同的领域，但是不管大家学习、工作的内容有多大的差别，我们都应该持有一个共同的理念：要充分发挥自己的能力和才智，服务于人类社会，共同维护人类文明的繁荣！我们需要携手应对化石能源耗尽的危机，共同应对气候的挑战，共同解除高悬在人类头顶的核武器等达摩克利斯之剑，共同与病毒和细菌作斗争，共同避免基因技术滥用的威胁，共同维护社会秩序，共同发展人类文明……我们还需要避免小行星等天外不速之客对地球的撞击，甚至还可能需要在太阳走到生命尽头的时候，带着我们的地球家园去流浪！

总而言之，应该说，天文学不是可有可无的学科，而是守护人类文明的工具！

人类应该充分利用现在的时间发展科技，提前为未来各种可能的灾难作好充分的应对准备，而不是把时间浪费在战争和互相牵制上。对人类在地球上的长期持续发展而言，更重要的是维护共同的文明，是和平共处、同舟共济的思想。这也是我们建设人类命运共同体的意义所在。

⚙ 微观、宏观和宇观

自然科学的大量研究表明,物质客体都是具有一定结构的系统,可以按质量、尺度等特征划分为不同层次。我们日常所见的各种物体都是宏观物质客体,**宏观客体**的特性及其运动规律可用经典物理学（牛顿力学、热力学）描述。**微观客体**包括分子、原子、原子核、核子（中子、质子等）、轻子（电子、中微子等）、光子等粒子层次的对象。微观客体构成宏观客体,但微观客体与宏观客体之间不仅仅存在量的差别,而且存在质的差别。微观客体运动中的作用量是普朗克常数 h（$h = 6.6260755 \times 10^{-34}$ J·s）量级的,宏观客体运动中的作用量比 h 大得多。微观粒子表现出明显的粒子和波动两方面的特性（称为波粒二象性）,遵循量子规律性,需要用量子物理学进行研究。并且它们也经常具有接近光速的运动速度,需要考虑相对论效应。不同客体的差异总结于表 2.2 中。

表 2.2　各类客体在量方面的差异

客体		静止质量 (g)	尺度 (cm)
微观客体		$10^{-27} \sim 10^{-15}$	$10^{-13} \sim 10^{-6}$
宏观客体		$10^{-14} \sim 10^{24}$	$10^{-5} \sim 10^{7}$
宇观客体	行星	$10^{25} \sim 10^{30}$	$10^{8} \sim 10^{10}$
	恒星	$10^{32} \sim 10^{35}$	$10^{6} \sim 10^{14}$
	星系	$10^{38} \sim 10^{47}$	$10^{20} \sim 10^{24}$

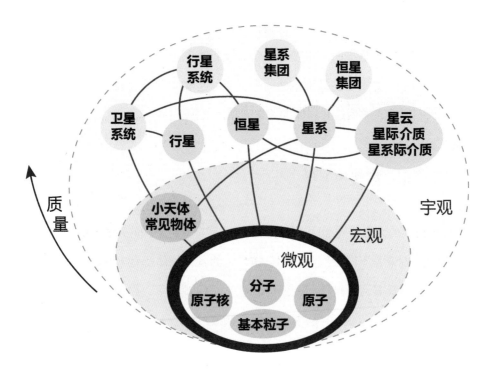

图 2.52 各类物质客体的层次 | 绘图：郭珊

　　1962 年，戴文赛教授提出了宇观概念。**宇观客体**主要就是天体，见图 2.52。宇观世界丰富多彩的现象大多跟万有引力密切相关，万有引力是否起支配作用是区分宇观与宏观、微观的关键标准。宇观客体的质量下限大致为 10^{25} g。除了小天体可归入宏观客体外，一般天体的质量和大小（尺度）都比宏观客体大得多。宇观客体可分为三个主要层次：行星、恒星、星系。行星周围的卫星系统、恒星周围的行星系统、恒星集团（聚星、星团）、星系集团（多重星系、星系团），以及跟天体形成和演化有联系的星云和星际物质，它们都是由引力束缚的宇观物质系统。

宇观物质的形态和运动状态多种多样，有从极低到极高的物质密度、从极低到极高的温度和压强、从极弱到极强的引力场和电磁场等各种环境条件；有快速的猛烈爆发现象，也有规则的和不规则的缓慢变化现象和漫长演化过程。它们涉及很大的质量和尺度，包含引力的重要作用，也有流体与电磁场的耦合作用，还存在很多高能过程。其中很多都是人们在日常生活和实验室里见不到的、现有理论和规律难以解释的。

宇观客体是巨系统，其组成部分（宏观和微观客体）是其子系统。宇观过程包含大量微观的和宏观的过程，但不是这些过程的简单组合，而是显示出一些新的整体特性和规律。物质世界遵循着一些普遍规律，因此宏观和微观的一些具有普遍性的规律可以结合宇观条件推广到对宇观过程的研究中。实际上，很多天文学理论就是在一些物理学理论基础上发展起来的。但宇观世界毕竟比微观和宏观世界更加广袤和复杂，我们需要不断地探索更多宇观现象和过程的新特性和规律。

自然界的基本矛盾是吸引力与排斥力之间的矛盾。宇观过程归根结底也是在吸引与排斥的矛盾中进行的，其中包含着不同物质运动形式的转化，因此，转化是宇观的基本过程。天体总是在不断地演化着，这种演化有时表现为一段时期内的准动态平衡，有时呈现为快速的激烈爆发，但总是在不同程度上发生着转化。例如，太阳和恒星内部的热核反应使轻元素转化为较重元素，核反应能量转化为辐射能量；星际云收缩时，引力势能转化为动能和热能；太阳耀斑爆发时，磁能转化为辐射能和被抛出粒子的动能。因此，能量的守衡和转化规律是宇观过程遵循的基本守则，只是在不同的过程中有不同的表现形式。但是要注意，宇宙极早期的演化过程有可能会突破我们对能量守恒和转化定律的现有认识。

在各大学科发展中，方法起着重要作用。这些方法中，既有较普遍的方法，又有因各学科本身特点而产生的一些较特殊的方法，相应地，也出现了多门分支学科。

第三章 天文学的方法和分支学科

▶ 3.1 天文学的方法

　　天文学的主要研究方法是被动地接收来自天体的辐射（"遥感"），挖掘它们蕴含的信息，进而探索研究天体的各种性质和形成演化的规律。因此，人们通常说天文学是一门基于观测的学科。直到近半个多世纪，随着航天事业发展，人类才有能力主动发射飞船开展某些近距天体的探测。但更多时候，天文研究仍然依赖地面的和太空的观测。

　　回顾历史，天文学各个领域的研究大都可以分为由浅入深、先后联系的三个层次：（1）观测发现（识别表象）—— 获取基本信息；（2）信息发掘（描述表象）——建立经验规律；（3）理论解释（探索本质）——构建理论模型，并推算预言未知情况。通常理论还需要再经历新的观测检验，进行适当修正甚至创建新理论。如此螺旋式上升，从而提高人类的认知。例如，第谷通过多年观测积累了大量的行星高精度位置测量资料，开普勒利用这些资料发现了行星运动三定律，牛顿在此基础上创建万有引力定律并打下天体力学基础，进而修正行星运动定律。

◉ 天文观测

　　天文观测获取的资料是天文研究的依据和检验理论模型的试金石。天文学家总是运用各时代的前沿科学和技术，研制新的仪器，创建独特的观测技术方法，以获取更准确的观测资料。新的观测资料使得新发现纷至沓来，不断开拓人类探索宇宙的新视野，促使天文学深入发展。从古代到中世纪，由于生产和生活需要，人们用肉眼观察日、月、行星相对于恒星的运行规律，运用几何、三角等知识和机械制造技术，创建和改进了历法。1609 年，伽利略听说荷兰有人制成望远镜后，自己也立刻研制出天文望远镜并用它观测了星空，他发现了木星的 4 颗"伽利略卫星"及金星的位相，还发现银河由密集的暗恒星组成，等等。这一系列重大发现，标志着天文学进入"（光学）望远镜天文学"新时代。此后，随着集光学、机械、电控一体的先进大型望远镜投入天文观测，人类不断扩展宇宙探索的深度和广度。19 世纪，**分光术、测光术和照相术**应用于天文观测，为了解天体的化学组成和物理性质提供了条件，导致了**天体物理学**的诞生。20世纪 30 年代，天文学家发现了来自天体的无线电波（天文上称为射电），进而专门研制出多种射电望远镜，产生了**射电天文学**，引出了 20 世纪 60 年代的四大天文发现（类星体、脉冲星、星际有机分子和宇宙微波背景辐射）。近半个多世纪以来，随着航天事业的发展，更多的现代先进科学技术被应用于天文研究，天文观测频率从可见光波段扩展到红外、射电、紫外、X 射线和 γ 射线波段，带来了今天的全（电磁）波天文。人们的观测手段还进一步扩展到了高能粒子探测和引力波探测，更有飞船直接去探访一些太阳系天体。今天的天文学已迈入了**多信使时代**。

⚛ **天文学的理论研究**

科学研究的精髓在于从感性认识上升到理性认识，探究事物的本质，创建理论模型。天文学"模型"普遍认同几条先验原则：（1）宇宙间物质遵循统一的规律，可以用自然科学规律来研究天文问题；（2）宇宙中任何天体都不占有特殊的地位，类似的环境条件下发生类似的过程，测量和比较各类天体（恒星、星系）不同时期的样本可以了解它们的演化历程；（3）仍存在着需要发现和深入了解的现象和规律，需要不断采用新的天文观测手段推进天文学发展。

　　天文学总是在跟先进科学技术相互借鉴和渗透交融的过程中发展着。现代天文学的理论研究与物理学和数学的关系尤为密切，天文学以物理学理论作为研究的基础，并借助数学进行理论演算。历史上，天文学也多次促进了物理学、数学和其他有关学科前沿的发展。例如，创建行星内部结构模型时，主要依据物理学中的四个微分方程（流体静力平衡方程、质量守恒方程、物态方程、角动量守恒方程），利用有关观测资料（总质量、半径、转动角速度等），并通过电子计算机计算出各层的密度、温度、质量、压强分布，得出类地行星的核、幔、壳结构和类木行星的核、中间层、外层结构。在此基础上可以推算行星的热流等性质，再利用实测结果进行验证。由于观测资料不够充分及实际问题的复杂性，创建模型往往需要预先作某些简化，最终利用观测资料来检验模型的假定和推算结果是否合理，并根据检验的结果进一步改进模型。特别是在宇宙学研究中，由于观测资料严重缺乏，尤其是大尺度结构资料的缺失，理论家们一开始只好采用均匀、各向同性的简化假设（哥白尼原理）。人们用广义相对论场方程对这个极简宇宙的演化进行了推算，构建出"大爆炸宇宙学模型"。该模型与反映星系红移的哈勃定律符合，并在后来得到了微波背景辐射、宇宙原初轻核素丰度等观测资料的定量支持。但是利用对星系旋转曲线的观测，我们意识到了具有引力作用的**暗物质**的存在，而对 Ia 型超新星等的观测则暗示了导致宇宙加速膨胀的**暗能量**的存在。这些新的观测事实促使理论家们在大爆炸宇宙学模型中加入了暗物质和暗能量的成分。虽然现在还不知道暗物质和暗能量究竟是什么，但它们指出了天文学乃至自然科学发展的新方向。作为当代自然科学上空新的"两朵乌云"，它们可能蕴含着全新的重大革命。

▶ 3.2 天文学的分支学科

随着观测和研究方法的开拓以及研究对象的扩展，天文学的研究内容越来越多，相应地，产生了很多分支学科。它们大致可以按照研究方法、观测手段和研究对象来分类。按照研究（包括观测和理论）方法分类，天文学在其发展历程中先后产生了**天体测量学**、**天体力学**和**天体物理学**三大分支学科。按照观测手段来说，过去很长时期人们仅靠光学手段观测，因而可称之为"光学天文学"，但一般并不用这个术语，而是直接简称天文学。直到 20 世纪中、后期，逐渐产生了**射电天文学**和**空间天文学**。另外，按照研究对象，同样也可以将天文学细分为很多分支学科。今天，各分支学科也在与时俱进地向前发展，并呈现出相互交叉的关系，如图 3.1 所示。下面简单介绍一些主要的天文分支学科。

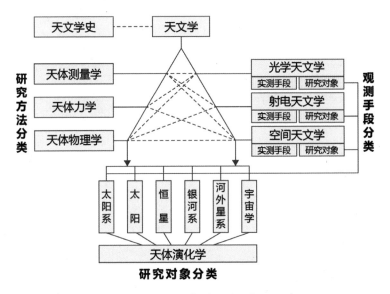

图 3.1 天文学主要分支学科的交互关系 | 绘图：郭珊

✿ 天体测量学

它是天文学中最先产生又在新技术的加持下始终与时俱进的学科，主要任务是测定和研究天体的位置和运动，建立基本参考系和测定地面点的坐标，并将相关知识应用于其他学科。按观测的方式不同，有照相或CCD（电荷耦合器件）天体测量、射电天体测量、红外天体测量、空间天体测量等等。按数学的表示方法分为球面天文学和矢量天文学。在应用方面，它又有以下两个重要分支。

1. 实用天文学

它以天体坐标作为参考，测定并研究地面点坐标，将天文知识用于大地测量、地面定位和导航，为经济和国防建设及地球科学等服务。

2. 天文地球动力学

它是天体测量学与地学有关分支学科相互渗透、结合而成的边缘学科，用天文手段测定和研究地球各种运动状态及其力学机制。它研究的是地球整体的自转和公转运动，以及地球各圈层（大气圈、水圈、地壳、地幔和地核）的物质运动。

✿ 天体力学

它是天文学较早产生的学科，主要用力学理论去研究天体的运动（空间移动、自转）和形状。历史上，其研究对象从太阳系成员运动扩展到类似天体系统，再到所有自然的和人造物体的轨道运动。近半个世纪以来，在高精度观测的推动下，产生了以广义相对论为基础的**相对论天体力学**。天体力学主要包括以下几个研究领域。

1. 天体力学摄动理论

这是经典天体力学的主要内容，即用分析方法研究各类天体受外界微小引力扰动（摄动）情况下的运动，求出它们轨道根数或坐标的近似值。随着观测精度的提高，其理论和方法不断更新，又细分为月球、各行星及其他天体的运动理论，以及摄动中的共同性问题。

2. 天体力学数值方法

应用常微分方程数值解理论来研究和改进天体运动的数值计算方法，研究误差的积累和传递，以及数值计算过程中的收敛性和稳定性。随着计算机应用技术的发展，数值方法已经得到了越来越广泛的应用。

3. 天体力学定性理论

它的主要研究对象为 N 体 (N ≥ 3) 问题。由于此类问题的复杂性，人们无法求得解析解（称为不可积），所以需要根据运动方程去尝试限定天体长时间的运动状态，研究内容包括特殊轨道的存在性和稳定性、天体间的碰撞和俘获，以及运动的全局图像。常用拓扑学理论进行相关研究。

4. 非线性天体力学

用现代非线性动力学的方法来研究天体运动及其动力学模型。主要讨论天体运动的定性特征，并结合数值方法得到天体运动的更具体结果。

5. 历书天文学

它利用摄动理论和数值方法，根据观测得到的天体位置等数据，计算天体的轨道根数，进而推算其不同时刻的位置，编制月球、行星、卫星、小行星等星历表和天文年历，预报日食、月食、彗星、掩星等各种天象，其研究目标也包括建立天文常数系统。

6. 天体形状和自转理论

研究各种类型的天体在内、外引力作用下自转的平衡形状、稳定性及自转轴变化规律。

7. 天文动力学

天文动力学又称人造天体动力学或星际航行动力学，是航天时代以来天体力学与星际航行学结合得到的边缘学科。其内容主要包括研究人造地球卫星、月球和行星探测器的飞行理论，进行人造天体的轨道设计，通过测量人造天体入轨后的位置进行监控等。

✿ 天体物理学

天体物理学是现代天文学的重要分支，它应用物理学的技术、方法和理论，研究天体的形态、结构、化学组成、物理状态和演化规律。天体物理学发展迅速，研究领域宽广，学科分类复杂。按学科性质可分为实测天体物理学和理论天体物理学；按观测波段可分为光学天文学、射电天文学、红外天文学、紫外天文学、X 射线天文学、γ 射线天文学，统称为全（电磁）波段天文学。按研究对象又分为太阳物理学、太阳系物理学或行星物理学或行星科学、恒星天文学、恒星物理学、星际介质物理学、星系天文学、宇宙学、宇宙化学、天体演化学等分支学科。新兴起的空间天文学、粒子天体物理学（研究对象包括宇宙线和中微子）、高能天体物理、引力波天文学等也是它的分支。下面简要描述天体物理学的一些主要领域。

1. 实测天体物理学

研究天体物理学中的基本观测技术、各种仪器设备的原理和结构，以及观测结果的处理方法。主要任务是为理论天体物理学提供观测设备、观测方法和研究资料，用观测证实理论推断。

2. 理论天体物理学

用理论物理学方法研究天体的物理性质和过程，包括以辐射转移理论为基础建立的恒星大气理论，以热核聚变概念为基础发展起来的元素合成理论、恒星内部结构理论和天体演化理论。理论物理与天体物理广泛结合、深入渗透，其中非热辐射、相对论天体物理学、等离子体天体物理学、高能天体物理学等分支学科最为活跃。从天文学或物理学角度来看，理论天体物理学都是富有生命力的。在此领域作出重大贡献的多名科学家获得了诺贝尔物理学奖。

3. 太阳物理学

太阳物理学通过探测太阳的各波段辐射和粒子辐射，研究太阳的各种性质、结构、活动过程及演化规律。由于太阳是离我们最近的典型恒星，精细的观测资料和理论研究成果使之成为恒星的"标杆"。太阳物理学下面还有一些专门分支学科，如**太阳活动区物理**、**日冕物理**等等。由于太阳与地球的密切关系和对地球的重要影响，还产生了边缘实用学科——**日地科学**、**空间天气**等。

4. 行星科学

由人们对太阳系行星的物理性质观测和理论研究而产生。随着航天的发展，该领域的研究内容还扩展到太阳系的卫星、小行星、彗星、行星际物质及磁场等方面，成为**太阳系物理学**。近几十年来，**行星科学**的研究范围又进一步扩展到对其他恒星的行星——系外行星的探测研究，成了当代涉及多学科的活跃边缘交叉学科。行星科学还有诸如**行星内部**、**行星大气**、**行星地质学**、月球科学、**彗星物理学**等多个具体分支学科。

5. 恒星大气理论

主要通过对恒星光谱的理论解释来研究恒星大气的结构、物理过程和化学组成。

6. 恒星天文学

主要研究银河系的恒星、星云、星际物质和各种恒星集团的分布和运动特性，以及银河系的大小、结构、自转及起源演化。恒星数量众多，**恒星天文学**综合了天体测量学、天体物理学和射电天文学获得的大量观测数据，包括视差、位置、自行、视向速度、星等、色指数、光谱型和光度等，借助统计分析方法和其他特殊方法进行综合研究。

7. 恒星物理学

应用物理学知识，从观测和理论两方面研究各类恒星的形态、结构、物理状态和化学组成。对恒星的某些奇特物理现象的研究，启发和推动了现代物理学的发展。

8. 星系天文学

星系天文学也称河外天文学（此处的"河外"指的是银河系之外）。它研究星系、星系团及星系际物质的形态、结构、运动、相互作用及起源演化。

9. 宇宙磁流体力学

用磁流体力学理论研究天体物理学中的磁流体问题。**宇宙磁流体力学**有其天文学特色：研究对象的特征长度一般是非常大的，电感作用远远大于电阻作用；特征时间一般非常长，能够产生特殊效应。磁流体力学是研究等离子体理论的宏观方法。宇宙磁流体力学与等离子体天体物理学的发展互相促进。

10. 等离子体天体物理学

应用等离子体物理学的基本理论和实验结果来研究天体的物态及物理过程，包括理论探讨和利用实测检验理论两个方面。

11. 高能天体物理学

研究天体产生的高能现象和高能过程，包括高能光子（X 射线、γ 射线）的产生机理、辐射特征和物理规律，也包括高能宇宙线粒子的产生和加速机制。

多种多样的高能辐射现象展现了全新的宇观世界，研究涉及类星体、脉冲星、超新星、活动星系、黑洞等天体，其有关的分支学科包括：X 射线天文学、γ射线天文学、中微子天文学、引力波天文学等等，都是极为前沿的活跃领域。

12. 宇宙学

从整体角度来研究宇宙的结构和起源演化。现代宇宙学包括密切联系的两个学科：观测宇宙学和物理宇宙学。前者侧重于通过观测去得到宇宙的重要参数并发现大尺度的观测特征，后者侧重于研究宇宙的运动学和动力学以及建立宇宙模型。当前得到最广泛认可的是热大爆炸宇宙模型，其具体代表是有宇宙学常数的冷暗物质模型——ΛCDM 模型。

13. 天体演化学

研究各种天体以及天体系统的起源和演化，即研究它们的产生、发展和衰亡的历史。天体的起源是指天体在何时，从什么形态的物质，通过什么途径形成。天体的演化是指天体形成以后所经历的演变过程。平时讲到天体演化，往往也包括起源在内。天体演化学按照不同天体层次可细分为太阳系起源和演化（太阳系演化学）、恒星起源和演化、星系起源和演化、宇宙起源和演化等。

✦ 天文学史

研究人类认识宇宙的历史，探索天文学发生和发展的规律。天文学史是自然科学史的一个组成部分。天文学史可细分为中国天文学史、世界天文学史，以及各地区、民族或国家的天文学史。

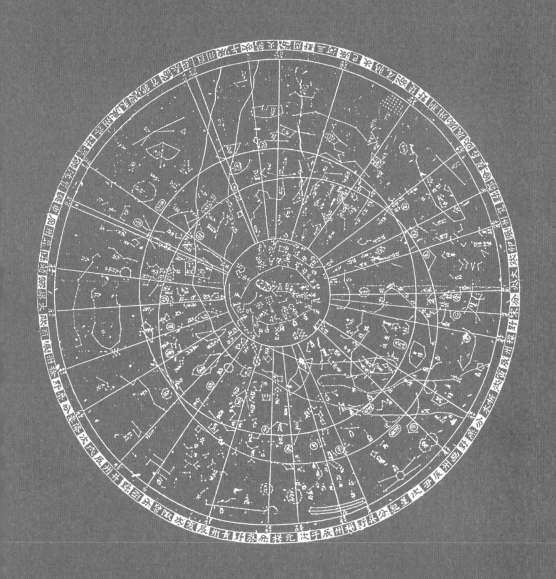

我国现在已进入了经济、科技大发展的新时代，天文学及与其有关的航天、测地等事业也欣欣向荣。我国近二十所大学设有天文系，招收本科生，另外还有很多大学开设天文通识课或者公共选修课。我国正式的天文台有 5 个，观测台站有数十处，研究中心甚多。一批月球和火星探测项目正在实施中，新的计划也在进行预研。

第四章
我国的天文事业
现状与展望

▶ 4.1 大学天文学教育概况

　　大学天文学专业在本科阶段的主要目标是培养具备良好的数学、物理和天文等方面的基本知识和基本能力，能在天文学及相关学科从事科研、教学和技术工作的专业人才。历史上，1917 年，济南的齐鲁大学首先创建了天文算学系。1927 年初，广州的中山大学将数学系改为数学天文系。稍后，1927 年 9 月，厦门大学也曾经设立天文学系，但于 1930 年 9 月停办。新中国成立后，齐鲁大学天文算学系和中山大学数学天文系中的天文学部分于 1952 年合并成为南京大学天文学系，拉开了新中国大学天文教育事业的序幕。目前，我国大学天文教育空前活跃，增设天文学或天文研究中心的大学越来越多。尤其在一流大学中，天文教育和研究各有侧重和特色，深受关注，一些大学的天文学通识课和公共选修课也很红火。下面不分先后次序，对我国大学的天文教育和科研工作概况作一简介。

⚙ 南京大学天文与空间科学学院

　　南京大学（简称南大）天文学系是新中国成立最早的天文专业学科。南大天文学系创建于 1952 年，由中山大学数学天文系中的天文部分和齐鲁大学天文算学系合并而成，2011 年增设空间科学与技术新专业，扩建为天文与空间科学学院。南大天文学科因专业设置齐全、学历层次完备、师资力量雄厚、治学态度严谨而享有盛誉，在历次学科评估中均居国内高校天文学专业最前列。它有天体物理、天体测量与天体力学两个国家重点学科、一个教育部重点实验室，是国家第一个天文学基础研究和教学人才培养基地、第一个自然科学基金委员会创新研究群体。近年来学院师资队伍建设成效显著，学科带头人和学术骨干的层次、水平稳步提升，建成了一支学科分布均衡、年龄结构合理的科研教学人才梯队，教学科研人员总体规模约 60 人。正式教职工中有院士 4 名，长江学者特聘教授 4 名，973 项目首席科学家 1 名，国家杰出青年科学基金获得者 9 名，百千万工程国家级人选 1 名，教育部新世纪优秀人才 7 名。学院在校本科生总人数约 150 人，在校硕士及博士生总人数约 160 人（其中硕士生约 60 人，博士生约 100 人），另设有博士后流动站。学院本科毕业生保研率高。在教育部的重点支持下，学院对优秀本科生实行拔尖学生培养计划，并为全体学生提供了良好的早期科研训练、国内单位实习实践、国际交流等机会。

在国家自然科学基金、教育部重点实验室专项经费等的支持下，学院各项科研工作均取得了持续稳定的发展，多次获得省部级以上科研奖励。为了促进高校与中国科学院天文系统的交叉融合，南大于 2010 年与中国科学院紫金山天文台联合，在仙林建成"现代天文与空间科学园区"；于 2012 年底正式挂牌成立现代天文与空间探测协同创新中心（培育），凝聚了南京大学、北京大学、中国科学技术大学、北京师范大学四所高校和国家天文台、紫金山天文台、中国空间技术研究院三家科研机构的主要教学、科研力量以及大型终端设备，最大程度上促进了我国天文学科的蓬勃发展。学院还先后与哈佛大学、加州理工学院、麻省理工学院、悉尼大学、东京大学、巴黎天文台等 20 余所国际一流高校、机构建立起良好的学术交流关系。学院通过举办学术会议和邀请国际著名学者来访等方式，不断提升自身的科研成果水平及国际化程度。2014 年 8 月，学院整体搬迁至面积 12000 平方米的仙林天文与空间科学学院大楼，正从新的起点上，向更高的发展目标稳步迈进。

在南京大学迎来 120 周年校庆（2022 年 5 月 20 日）之际，2021 年 11 月 29 日，经国际天文学联合会（IAU）小天体命名委员会批准，国际天文学联合会将 23692 号小行星命名为"南大天文学子星"。该小行星发现于 1997 年 5 月 20 日。

❀ 北京师范大学天文系

北京师范大学（简称北师大）天文系是新中国第二个建立的高校天文系，成立于 1960 年，长期以来在天文学人才培养、科学研究和技术创新、科普教育等方面作出了重要贡献。北师大天文系的定位：国内一流、国际有影响，即建成有国际显示度的学科，有国际竞争力、影响力的科研团队，培养优秀天文人才。天文系师资队伍结构合理，学科专业分布齐全，注重基础理论与观测实践相结合，拥有实力雄厚的教学、科研平台。天文系现有在职人员共 33 人，其中教授 14 人，副教授 8 人，讲师 5 人，行政和教辅人员 6 人，其中国家杰出青年基金获得者 1 人，国家优秀青年基金获得者 2 人，入选教育部新世纪优秀人才支持计划 4 人，博士生导师 11 名，硕士生导师 22 名。天文系拥有天体物理博士点和硕士点，以及天体力学与天体测量、光学、天文教育等硕士点。天体物理为北京市重点学科和校级重点学科。天文系设有天文学博士后科研流动站。天文学专业为教育部和北京市特色专业建设点。与国内天文台站建立了长期合作伙伴关系。目前拥有"引力波与宇宙学实验室"、"现代天文学实验室"和"天文教育综合实验室"，拥有与国家天文台共建的"兴隆天文学实践基地"，以及与云南天文台共建的"天文教育实践基地"。科研和人才培养国际化程度高，与国际知名高校、科研机构开展了广泛合作。目前主要有 6 个学科方向：引力波和星系宇宙学，太阳、恒星和星际介质物理，实验室天体物理，高能天体物理，天文光电技术和应用天文学，天文教育与普及。

北师大天文系的人才培养目标为：培养具有良好的人文与科学素养、坚实的数理基础、宽厚的天文学知识、勇于实践、视野开阔、身心健康的高素质创新型领军人才。天文系的在校生人数为：本科生约 100 人，硕士生约 40 人，博士生约 30 人，另有博士后多人。天文系的优秀学生可申请"本科生科学研究项目"，高年级学生可以到天文台实习。本科生课程主要有物理、数学、天文及计算机 4 大类的多门课程，学生结合专业方向进行天文台观测实习和科研能力训练，完成毕业论文。毕业去向有保送研究生、考取研究生或出国留学，以及到科研单位、国防部门、天文科普和中学等单位工作。此外，天文系还为 IT 行业、科技出版业、新技术产业和科研管理部门输送了许多优秀人才。

◎ 中国科学技术大学天文学系

中国科学技术大学（简称中科大）的天文学科发展始于 1972 年创建的中科大天体物理研究组，1978 年所级研究单位成立，1983 年更名为天体物理中心，1998 年天文与应用物理系成立，2008 年改名为天文学系。2015 年通过"科教融合"，与中国科学院紫金山天文台等科研单位强强联合，优势互补，成立了中科大天文与空间科学学院。中科大天文学科 1985 年被教育部批准为天体物理博士学位、硕士学位授权点，2001 年被教育部评定为国家重点学科，2008 年被教育部评定为国家理科人才培养基地，2010 年获得天文学一级学科博士和硕士学位授予权。学院师资力量雄厚，在超过 40 年的发展历程中，形成了独特的科学研究优势，具有鲜明的办学特色。

中科大天文系是国内最早开展星系宇宙学研究的单位，近年来在正常星系、活动星系、宇宙大尺度结构和数值模拟等方面取得了一批在国际上有重要影响的研究成果。通过天文与空间科学学院的建设，学院进一步加强和提升了天文学科在天体测量与天体力学、天文技术与方法、射电天体物理领域的研究力量。学院还与国家天文台、紫金山天文台、上海天文台共建天文英才班，开展本科生和研究生的联合培养，并利用中科大多年来建立的完善课程体系和中国科学院天文台的优质观测设备和资源，培养具有扎实的数理和天文基础、受到严格的科学思维、科学实验训练，具备参与国际竞争能力的复合型人才。

中科大天文系设有星系宇宙学、射电天文、空间目标与碎片观测、暗物质与空间天文、行星科学这 5 个中国科学院重点实验室。学科方向主要包括星系宇宙学、射电天文学、太阳和日球物理、高能天体物理、行星和行星系统、应用天体测量与天体力学、空间技术与方法等等。中科大天文系在人才培养与科学研究等方面都取得了突出的成绩。发展到今天，中科大天文系已成为国内外知名的天文单位，它特色鲜明，科研与教学并重，从本科生、硕士生、博士生到博士后齐全，是国家批准的重点学科、人才培养基地。四十年来，学院培养的学生遍布国内外天文单位，他们中的许多人成了单位的中坚力量。

⚛ 北京大学天文学系

北京大学（简称北大）与天文学的关系源远流长。20 世纪 20 年代，北大曾考虑建立天文学系，但因条件所限而未能实现，不过北大仍有天文课和学术活动。1952 年北大设立数学力学系，戴文赛先生到该系任教，讲授天文学。1952 年北京天文学会在北大成立，戴先生任首届理事长。1954 年戴文赛调往南京大学，后长期担任南大天文系系主任。1960 年北大在地球物理系下成立天文专业，当时的天文专业教职员工多达 30 名。1972—1975 年天文专业曾招收三届工农兵学员，共 102 人。1978 年，天文专业的各项工作转入正轨，开始招收本科生和硕士研究生。1985 年天体物理博士点成立，天文专业开始招收博士研究生，并于 1999 年建立了天体物理博士后流动站。为适应创办世界一流大学与知识创新工程的需要，北大和中国科学院于 1998 年在北大共同组建了北京天体物理中心，并于 2000 年将天体物理专业正式扩展为天文学系。2001 年 5 月北大物理学院成立后，天文学系即隶属于物理学院。2001 年底，北大天体物理学科被评为全国重点学科。随后，天文学系陆续从海外聘请了众多青年学者任教。北大与中国科学院在天文学领域实现了强强联合，资源共享，产生了明显的成效。二者共建的天文学系拥有高水平的教学与科研条件，学术气氛活跃，并对学科方向作了重要调整，以适应培养国际一流天文学家的需要。

2006 年，北京大学与美国加州 Kavli 基金会（the Kavli Foundation）正式签署协议，建立北京大学科维理天文与天体物理研究所（Kavli Institute for Astronomy and Astrophysics，KIAA-PKU），并于 2008 年正式开始运行。美国艺术与科学院院士、加州大学圣克鲁斯分校天文系著名理论天体物理学家林潮（Douglas N. C. Lin）教授担任 KIAA 首任所长，在全球招聘了一批在国际上崭露头角的青年天文学者组成研究团队。KIAA 正在逐步形成北大天文学科的国际交流平台和研究中心。

✹ 厦门大学天文学系

厦门大学（简称厦大）在 1927 年 9 月曾设有天文学系，由曾经创建紫金山天文台的余青松先生担任首任系主任。1930 年 9 月天文学系停办，但仍断断续续设有天文学课程。2012 年 11 月 26 日厦大复办天文学系，建成从本科到博士研究生的完整培养体系。2013 年起，厦大招收四年制天文学一级学科本科生，2016 年起，招收天体物理与宇宙学专业硕士和博士研究生，2019 年起，招收天文学一级学科硕士研究生。另外，厦大天文学系还常年招收博士后研究人员。

　　厦门大学天文学系现有全职教职工 17 人，包括教授 6 人，副教授 9 人（含特任研究员 5 人），助理教授 1 人，工程师 1 人。其中国家杰出青年科学基金获得者 2 人、优秀青年科学基金获得者 3 人、国家高层次人才 2 人、国家高层次青年人才 2 人，省部级各类高层次人才 30 余人次，获得基金委创新研究群体资助。所有教师均为硕士生导师，12 人为博士生导师。厦大天文学系科研经费充裕，主持或参与国家自然科学基金杰青、优青、重大、重点、面上、青年和天文联合项目、中科院先导项目及国家重点研发计划等课题，研究方向广泛，几乎涵盖天体物理和宇宙学各个领域，与国内外交流合作频繁，学术成果丰硕。

⊛ 云南大学天文学系

　　云南大学（简称云大）天文学科起源于二十世纪八十年代，长期以来依托物理学科得以发展，主要开展宇宙线物理及致密天体相关物理过程研究。近年来，云大天文学科取得了快速发展，2012 年与中国科学院云南天文台合建"熊庆来天文菁英班"，开始了天文学本科教育；2013 年，云南大学天文学系成立。2018 年获天文学一级学科硕士学位授权；2017 年 9 月，云南大学入选全国 42 所"双一流"建设高校，天文学成为云南大学 5 个重点建设的一流学科（群）之一。天文系拥有优质的师资队伍， 教师 20 余人全部具有博士学位，其中有海外经历的教师有 7 人，硕士生导师 15 人，博士生导师 7 人，包括长江学者特聘教授 1 人，国家杰出青年基金获得者及云南省科技领军人才 1 人，云南省高端科技人才1人，云南青年千人2人，云南省中青年学术技术带头人（及后备人才）4人。

云大天文学科已形成四个特色鲜明的优势学科方向，涉及天体物理学、天体测量学、天文技术和方法。云大天文系承担了国家重大科技基础设施高海拔宇宙线观测站（LHAASO）切仑科夫望远镜成像探头的研制，并积极参与了郭守敬望远镜（LAMOST）、FAST等设备的相关课题研究。近年来云大的天文学科迅速发展，组建了中国西南天文研究所，建成了自己的1米光学望远镜，并正在利用云南优良的天文观测条件建设大视场多通道测光巡天望远镜。云大天文学系具有优良的教学科研实践平台和完善的人才培养体系。"熊庆来菁英班"使学生在本科教育阶段便能较早地融入前沿科研，为培养具有创新精神和独立科研能力的高素质拔尖人才服务。

◎ 河北师范大学空间科学与天文学系

河北师范大学的天文学科已经有近50年的历史。进入21世纪，随着我国天文事业的飞速发展，河北师范大学的天文学科也进入快速发展阶段。2003年，河北师范大学获批天体物理硕士点，2004年开始依托国家天文台培养博士研究生；2007年，河北师范大学获批理论博士点，并开始在该点招收核天体物理方向博士研究生。2012年，经教育部批准，河北师范大学开设了空间科学与技术本科专业，成立了空间科学与天文学系，并与中国科学院国家天文台合作，成立了国家天文台–河北师范大学空间科学联合研究中心。2014年1月，学校与国家天文台签订联合办学协议，共建河北师范大学空间科学与天文学系。同年，天体物理学科被遴选为河北师范大学重点建设学科。2018年获批天文学一级学科硕士授权点。

在科学研究方面，天文学系依托国家大科学装置（如 LAMOST、LHAASO、中国巡天空间望远镜（CSST）等），在恒星物理、银河系结构、星系宇宙学、高能宇宙线探测、高能天体物理等多个领域取得了有国际影响力的研究成果，形成了自己的优势特色。为了进一步加强国家天文台与河北师范大学在天文学研究和人才培养等方面的合作，河北师范大学未来还将依托兴隆观测基地，建设河北师范大学天文研学基地项目，并联合中国科学院大学开展天文教学资源共享与人才联合培养。

◎ 中国科学院大学天文与空间科学学院

中国科学院大学（简称国科大），其前身是 1978 年成立的中国科学院研究生院，2012 年更名为中国科学院大学，从 2014 年起开始招收天文学专业本科生，并成了教育部正式批准成立的一所以研究生教育为主的科教融合、独具特色的现代化创新型高校。国科大的天文与空间科学学院成立于 2015 年 6 月，是国科大"科教融合"特色学院之一，拥有一批国内外知名的天文学家和空间科学专家，拥有并开放运行着我国绝大部分天文观测装置，包括分布于国内外的 20 余个观测台站，参加了多个国际先进望远镜设施的建设和管理，是国科大教学、科研支撑以及培养学生专业兴趣和前期科研能力的高起点平台。

国科大依托于全国 100 多个研究所，以设在北京的研究生本部为主体，以分布在上海、南京、武汉、广州、成都等地的教育科研基地和 100 多个研究生培养单位为延伸，实行"统一招生、统一教育管理、统一学位授予"和"院所结合的领导体制、师资队伍、管理制度、培养体系"。国科大在保持和发挥自然科学基础学科优势的同时，加强应用学科、新兴交叉学科以及人文、社会科学学科建设，设置有 20 多个学院，天文与空间科学学院便是其中之一。

国科大的师资雄厚，拥有一大批两院院士、百人计划入选者、长江学者特聘教授、国家杰出青年科学基金获得者及外籍教师。自 2000 年起，国家天文台就承担了国科大研究生培养的基础课程教学工作。依托国内天文台站，发挥国家天文台的引领作用，国科大天文与空间科学学院力争形成科教融合和教学相长的天文学教育机制，创立天文精品通识课程，使得学院成为我国天文与空间科学技术精英人才的培养基地，同时增强天文学科的社会影响力。

⚙ 西华师范大学天文学系

西华师范大学位于四川省南充市，是我国西南部条件相当好的高校。根据国内天文研究和天文教育发展的需要，在天文界的大力支持下，2015 年教育部批准建立西华师范大学天文学系。天文学系隶属于物理与天文学院，由中国科学院国家天文台与西华师范大学共建。西华师范大学在立足学校教师教育优势的同时，依托国家天文台的科研平台和学术资源，与国家天文台共同建设高质量天文教育本科人才基地，为国家天文台等天文单位提供优质研究生后备生源。另外，近年成立的联合实测天体物理中心也在西华师范大学、国家天文台和中国科学院紫金山天文台的共同协作下顺利运作着，三方共享一些望远镜数据资源，联合从事科学研究，全力推进学术队伍建设与科研创新。西华师范大学天文学专业招收天体物理、天文技术与方法等方向的硕士研究生，拥有本、硕天文学培养能力，也是四川省天文学会的挂靠单位。该校物理与天文学院建设有西华师范大学-国家天文台-紫金山天文台联合实测天体物理中心、现代天体物理与宇宙学四川省高校重点实验室、天文与天体物理南充市重点实验室、四川省天文科普基地、川东北航空模型基地、西华师范大学天文台（青海冷湖）、教学天文台（南充）、天文科普实验室等。

⚛ 黔南民族师范学院物理与天文系

黔南民族师范学院于 2016 年获教育部批准开办天文学本科专业。黔南师院天文学专业紧密依托 FAST 工程，将培养天文教学、天文科普和天文相关产业人才作为培养目标，培养学生使其具备从事天文科普、旅游与教育工作的能力。该校天文专业每年招收本科生 20 多人，毕业生将成为服务于贵州黔南的应用型天文学人才，或服务于地方天文经济、天文旅游发展的高层次复合型人才。2015 年，该校与国家天文台共同签署了"中国科学院国家天文台·黔南民族师范学院战略合作框架协议"和"共建天文应用与科普基地协议"；2016 年，与黔南州天文局签订合作框架协议，从黔南州获得专门经费用于天文学专业建设。黔南师院天文专业目前建设有"应用天文学实验与科普示范中心"，包括应用天文学实验室、天文虚拟实验室与天文科普教育中心，拥有 40 厘米光学望远镜、充气式移动球幕影院、折反射式望远镜、叉式地平式天文望远镜、黄道十二宫及日地月三球仪、互动星空仪、四季星空屏、十四分之一古仪、银河系演示仪、高度方位星空仪等仪器设备，正在建设射电天文技术实验室。此外，学校正着手推进建设一个内容丰富的天文科普场馆，立足黔南，辐射全省，打造天文科普研学基地。

❀ 上海交通大学天文系

上海交通大学物理与天文学院下设的天文系成立于 2017 年 4 月，招收本科生和研究生及博士后研究人员，其前身是 2012 年成立的天文与天体物理研究中心。天文系教师整体水平高，教职人员中包括中国科学院院士 1 人、长江学者 1 人、国家杰出青年基金获得者 5 人、基金委优秀青年基金获得者 1 人。研究领域包括宇宙学、星系形成、多波段观测、星系动力学等。天文系在科研和人才培养方面成绩突出，主持了科技部 973 项目、基金委重大项目、创新研究群体等重大课题，此外还主持了 CLAUDS（the Canada-France-Hawaii Telescope（CFHT）Large Area U-band Deep Survey）观测项目，领导中国联盟参加了 PFS（Prime Focus Spectrograph）第四代暗能量巡天，还参加了 DESI 遗珍成像巡天、平方千米阵（SKA）等项目，深度参与中国空间站望远镜科研项目等。该系还主办了 ELUCID 合作会议、BigBOSS 项目合作会议、PFS 项目合作会议、中国 SKA 暑期学校等十余次国际会议。发表了一大批高影响科研论文。天文系 Gravity 超级计算机于 2020 年上线，拥有 3000 核、20TB 内存、6PB 存储。

2016 年 11 月，上海交通大学成立李政道研究所，天文部是其三大研究部之一。天文部按国际标准设立研究岗位，已聘有 10 余位知名学者，研究领域包括高能天体物理、系外行星、多信使天文学、宇宙学和星系形成、实验室天体物理等，并继续积极开展全球招聘。天文部已主办 20 余次国际会议，开展了多层次的学术交流。上海交通大学天文系和李政道研究所天文部优势互补，合作密切，共同致力于建设国际一流的交大天文研究中心和学术交流中心。

✿ 清华大学天文系

　　清华大学天文系的前身是始建于 2001 年的天体物理中心，它最初挂靠物理系，是跨院系的校级研究机构。天体物理中心经历了十多年稳步发展，为国内外天文界培养了一批优秀的年轻人才，形成了一支以致密天体和高能天体物理为主要研究方向的学术队伍。2014—2019 年，在学校的大力支持下，天体物理中心进入新的发展阶段，新增了星系宇宙学和系外行星两大前沿方向，形成了一个学科布局合理、中青年结合的学术梯队。在此基础上，清华大学决定在理学院下设立天文系，并于 2019 年 4 月 21 日举行了成立大会。在接下来的几年里，清华大学天文系将迎来激动人心的新时期，在 5 年左右的时间内，天文系将在国际上公开招聘至少 10 名不同层次的人才，形成世界一流的教师团队。同时，每年预计会有 10 ~ 15 名博士研究生加入，本科生的招收工作也将在未来几年内展开。清华大学强大的工科优势，将有助于其发展天文仪器、天文设备和天文技术，包括地面望远镜和空间卫星项目。清华大学天文系正力争在下个 10 年内成为国际知名的天文学研究中心。

✿ 华中科技大学天文学系

　　1983 年 10 月华中科技大学开始筹建天体物理教研室（挂靠物理系），1984 年 2 月天体物理教研室正式建成，并于 1985 年 2 月更名为引力实验中心。1996 年，引力实验中心重新组建天体物理团队。2014 年物理学院成立粒子与天体物理研究所，从事粒子、天体物理、宇宙学等方面研究，研究所在 2017 年又进一步凝练方向，围绕天琴空间引力波计划开展相关理论研究。为了进一步推动物理和天文学科的交叉融合，实现物理学的纵深发展，物理学院于 2019 年 9 月成立天文学系。

目前天文学系有专任教师 13 人，其中教授 8 人，副教授 5 人，包括国家级青年人才计划入选者 2 人。天文学系的研究方向主要包括星系和活动星系、致密天体、引力波科学和天文光学技术等。天文学系在超大质量黑洞活动性、不同尺度致密天体综合研究、脉冲星计时阵列搜索超大质量双黑洞、脉冲星辐射机制、伽马暴、黑洞双星、宇宙线以及引力波科学和探测技术、光学望远镜技术等方面取得了一系列进展。目前该系在读研究生近 30 人，每年招收 6~8 名硕士生、4~6 名博士生，并且培养对天文方向感兴趣的本科生 15~20 名。天文学系拥有教学天文实验室、天文光学实验室和数值模拟实验室。

❀ 中山大学天文学系

中山大学（简称中大）拥有悠久的天文学研究历史。1927 年中山大学就创办了天文学系，1929 年又在今广州越秀山修建了中大天文台。1952 年院系调整，中山大学天文学系整体并入南京大学。2013 年 12 月 28 日中山大学成立天文与空间科学研究院，复办了中山大学的天文学科。2015 年 9 月 16 日，中山大学物理与天文学院作为整建制学院在珠海校区成立。2019 年 12 月 7 日，天文系举行了复办揭牌仪式，并开始有了自己的天文学本科生。中大的天文学作为一级学科，主要研究方向包括引力波天文学、宇宙学、宇宙大尺度结构与星系形成理论、高能天体物理学、行星科学与天文观测等。

中山大学物理与天文学院现有专任教师 80 余人（教授 29 人），其中两院院士 2 人（含 1 名兼职），国家杰出青年基金获得者 3 人，优秀青年基金获得

者 2 人，国家高层次人才计划入选者 6 人，广东特支计划百千万工程领军人才
1 名，中山大学"百人计划"引进约 60 人，还有专职科研人员及博士后 40 余人。
学院注重专业基础和综合素质的培养，使学生具备宽广、坚实的基础和良好的
适应能力与创新能力，培养适合在物理学、天文学和空间科学技术及相关交叉
学科进行科研，以及在尖端技术领域工作的拔尖人才。

　　"天琴计划"是中大主导、我国自主提出的空间引力波探测任务。中大已
经成立天琴引力物理研究中心，进行相关科学研究。中大参加了丁肇中领导的
反物质和暗物质探测项目，所研制的国际上首个机械泵驱动两相流体回路精密
控制系统已在国际空间站连续运行，受到国内外专家的一致好评。中大物理与
天文学院主导了中国空间站工程巡天望远镜粤港澳大湾区科学中心的建设，助
力学校天文科学水平迈向国际一流，服务国家重点区域发展战略。

◎ 贵州师范大学天文学系

　　贵州师范大学天文系成立于 2019 年 12 月，隶属于物理与电子科学学院。
学院有由贵州师范大学与国家天文台合作共建的"南仁东"班，力图为国家天
文学发展输送更多优秀的、高层次的天文专业人才。其天文专业培养目标是：
培养具有良好的数理基础，掌握天文学的基本理论、基本技能和基本思维方法，
具备科学探索精神，拥有独立提出问题、分析问题、解决问题能力，能够从事
天文仪器开发研制、天文科学研究以及物理教学和科学普及等工作的专业型人
才。学院建有贵州省射电天文数据处理重点实验室、贵州省 FAST 早期科学数
据中心、中国科学院国家天文台-贵州师范大学天文研究与教育中心等科研平台，
以及中国科学院云南天文台实习基地、国家天文台 FAST 实习基地，并且正在

筹建 60 厘米光学望远镜等教学科研基地。学院在核天体物理与脉冲星大数据应用等方面具有独特优势。拥有"天体物理与天文大数据处理"硕士点。目前，贵州师范大学天文系具有博士学位的专任教师有 14 人，其中国家万人计划获得者 1 人、国家杰出青年基金获得者 2 人、973 首席科学家 1 人、贵州省优秀科技青年工作者 2 人、贵州省百人计划学者 1 人、贵州省千层次人才 2 人、博士生导师 2 人、硕士生导师 10 人，在校天文学本科生 60 人。

成立天文系，是贵州师范大学为进一步巩固自身天文学科建设成果、持续推进双一流建设、实现天文学科跨越式发展的重要举措，也能更好地为贵州乃至全国天文事业培养专门人才提供智力支撑。随着 FAST 射电望远镜国家重大工程落户贵州，贵州省的天文事业获得了空前发展，贵州师范大学紧抓这一历史机遇，密切联系贵州大数据产业发展战略实际，筹措各方资源，积极推动天文学科建设和发展。天文学系的成立，既是国家天文台与贵州师范大学长期密切合作的成果，更为双方进一步增进交流、加强合作开启了新篇章。

⚙ 广州大学天文系

广州大学的天文学科始建于 1994 年，前身为广州师范学院天体物理中心。经过近三十年的发展，已成为国内高校有影响力的天文学科之一，于 2020 年依托广州大学物理与材料科学学院成立天文系。拥有天文学一级学科博士点，与意大利帕多瓦大学联合培养天文博士，具有从天文学本科到博士的完整人才培养体系。天文系师资力量雄厚，现有特聘教授 2 人，还有全职专任教师 17 人，其中教授 8 人，副教授 4 人，国家级人才 1 人，省级人才 6 人，全国模范教师 1 人，广州市教学名师 1 人。广州大学天文学科团队曾获得广东省创新团队称号，天文教师团队被评为广州大学黄大年式教师团队五星级团队。天文学是其省级优势重点学科,在学科排名中位列国内天文学科前八。广州大学拥有粤港澳大湾区国家天文科学数据中心、广东省高校天文观测与技术重点实验室等平台,与国家天文台共建 1.26 米红外光学望远镜,是平方千米阵、中国空间站工程巡天望远镜、高海拔宇宙线观测站等多个国际和国家天文大科学工程的参与建设单位。广州大学拥有天文台和数字天象厅,与国家天文台、云南天文台、深圳天文台等专业天文台站、知名科技企业、科普场馆和中小学共建实习实践基地,丰富的科研资源为本科生科创能力的培养提供了强有力的支撑。

天文系的培养目标为:围绕培养社会主义天文相关事业建设者和接班人的根本任务,适应国家发展战略,面向国家、大湾区和广东省在基础研究、教育科普、经济发展等方面的需求,培养具有良好的人文素质和科学素养,具备良好的数理和天文专业知识与理论基础,掌握基本天文观测和数据分析技能,具有较强的现代信息技术、外语和其他专业应用能力,具有较强的创新意识和实践能力,能力发展性强的拔尖创新人才。学生毕业后能在天文学及相关学科领域继续深造,或能够胜任科研机构、高等院校、科普机构和中小学等单位与天文、航天相关领域的科研、教学、科普或管理工作,未来可成长为上述相关行业的骨干和精英。天文系发挥师资队伍丰富的学术资源和学科平台优势,在人才培养过程中,构建科教深度融合的专业培养体系,以高水平前沿课堂为引领,以学生科研创新能力培养和训练为过程,培养学生的研究能力和创新精神。

✿ 武汉大学天文学系

武汉大学(简称武大)的天文学科建设始于 2017 年,2018 年 11 月建立了武汉大学－国家天文台联合天文中心，成为开放的合作与交流平台；2019 年初正式成立天文本科英才班，培养天文学本科学生，成为国内天文学人才重要基地；2019 年 5 月，成立"韩占文院士专家工作站"，促进了与云南天文台的深度合作；2021 年 6 月，成功申报天文学一级学科硕士点与博士点，主要方向包括引力波天文学、高能天体物理与天文技术方法三个方向。2022 年 11 月，武汉大学正式在物理科学与技术学院下成立天文学系。目前天文学系专职教师 10人，其中包括教授 4 人、副教授 3 人、研究员 2 人、副研究员 1 人，教师中有国家杰青及教育部长江特聘教授 1 人、优青 3 人、教育部青年长江特聘教授 1 人。未来五年，天文系规划使专职教师总人数达到 20 人以上。此外，武汉大学测绘学院也有与天文学研究密切相关的科研内容。

武大天文团队积极参与国内外科学项目的合作，是中国第一颗 X 射线天文卫星"慧眼"的核心科学团队，是高海拔宇宙线观测站（LHAASO）的合作单位之一，还深度参与了一些中国大科学工程和项目，包括 LAMOST、FAST、司天工程等。武大天文系积极参与国际引力波项目合作，是中英引力波合作联盟发起成员之一，也是日本神冈引力波探测器（KAGRA）合作联盟成员之一。武大天文系正在筹建 1 米级光学大视场巡天望远镜以快速跟踪宇宙爆发源的演化，以及下一代空间伽马射线望远镜，用以开展超新星、致密天体、引力波源电磁辐射对应体等方面的物理研究。

◎ 河北师范大学空间科学与天文系

河北师范大学天文学科的发展有较长的历史。学校在 2003 年获批天体物理硕士点，2004 年开始依托国家天文台培养博士生，2007 年获批理论物理博士点，开始招收核天体物理方向博士研究生。2012 年，经教育部批准，学校开设了空间科学与技术本科专业，成立了空间科学与天文系，同时与国家天文台合作成立"国家天文台－河北师范大学空间科学联合研究中心"。2014 年，天体物理学科入选河北师范大学重点建设学科。

该学科依托国家大科学装置，开展恒星物理、星系结构、宇宙学、宇宙线、高能天体物理等方面的研究，取得了有国际影响力的研究成果。

◎ 齐鲁师范学院天文系

齐鲁师范学院天文系于 2023 年 10 月成立，学校位于美丽的泉城济南。该天文学科于 2022 年开始招收天文学专业本科生，每年招生规模约 30 人，拥有完善的天文学课程体系，开设有天文学导论、实测天体物理、恒星物理、宇宙学、天文数据处理方法等基础课程，球面天文、射电天文、红超巨星天体物理等选修课程。齐鲁师范学院天文系将以人才培养、科学研究、平台建设为重点，建成地区一流、国内知名、具有鲜明特色和优势的天文学教育及科研单位。

该天文系师资队伍结构合理，学科方向分布齐全，现有专任教师 11 人，特聘教授 4 人，全部具有博士学位。其中教授 9 人，副教授 4 人，讲师 1 人，国家杰出青年科学基金获得者 1 人，入选教育部新世纪优秀人才支持计划 1 人。该天文系主要在射电天文（尤其是脉冲星）、天体测量、恒星物理与星际介质、高能天体物理、宇宙学等方面开展研究。该天文系建有 FAST 数据处理中心，能提供 100 TFLOPS 的计算能力和 2 PB 的存储能力；同时建有 20 面 5 米级射电望远镜，这些望远镜组成"齐鲁探天"分米波阵列，将与 FAST 开展联合观测。依托硬件及人才优势，该校天文学科先后获批建设了济南市天文大数据工程研究中心、山东省高等学院工程研究中心、"齐鲁探天"分米波阵列国际合作联合实验室、济南市天文大数据重点实验室等等。

⬡ 其他大学的天文学教育

近些年来，我国的天文学尤其是天体物理教育日益兴旺。除了前述大学外，还有很多大学设立了天文学或者天体物理研究中心，或者组建了相关教学和研究团队，取得了可喜的人才培养和科研成果，共同推进了我国天文事业的发展。其中很多大学的天文教育和科研工作具有相当大的规模，甚至有不少能招收天文学或者天体物理硕士生乃至博士生。这些大学包括（排名不分先后次序）：广西大学（物理科学与工程技术学院）、贵州大学（物理学院物理与天文学系）、湖北第二师范学院（物理与机电工程学院）、湖南师范大学（物理与电子科学学院）、华中师范大学（物理科学与技术学院，天体物理研究所）、南昌大学（物理与材料学院）、南京师范大学（物理科学与技术学院）、山东大学（威海）（空间科学与物理学院）、陕西师范大学（物理学与信息技术学院）、上海师范大学（数理学院，天体物理研究中心）、四川大学（物理学院）、天津大学（智能与计算学部）、天津师范大学（物理与材料科学学院）、西安交通大学（物理学院）、湘潭大学（物理与光电工程学院）、云南师范大学（物理与电子信息学院）、浙江大学（天文研究所）、中南大学（物理与电子学院）、新疆大学（物理科学与技术学院）、扬州大学（物理科学与技术学院）、安徽大学（天体物理研究中心）、安徽师范大学（物理与电子信息学院）、国科大杭州高等研究院、杭州师范大学、南开大学、兰州大学等等。受篇幅所限，这里不再一一列举和介绍。

很多师范院校普遍开设天文学课程，一些优秀教材如《简明天文学教程》

多次再版。很多大学均开设了天文学概论通识公选课，例如南开大学的天文公选课便深受理科和文科大学生的欢迎，其教材版本也多次更新。还有很多城市建有少年宫或科技馆，很多中学建造了自己的天文望远镜或星空演示展览厅，教学楼上的银色圆顶特别醒目。这些都充分证明我国公众的科学文化素质已上升到了一个新阶段。

⚛ 大学的天文学专业学什么？

现代天文学博大精深，处于先进的科学技术发展前沿。目前，我国的天文学专业主要设立在重点大学，意在培养拔尖创新人才，考取的难度较大；进入大学后学习的课程也是既多又难，但我们相信这些困难对有志于攀登科学技术高峰的学生而言，只会让人更加兴趣盎然。

作为一级学科的天文学，分为天体物理学、天体力学与天体测量学、天文技术与方法三个二级学科，其下又各有多个分支。各个大学的天文学专业分支设置侧重点也有所差别，因而课程安排如"八仙过海"般各显其能，同一所大学的课程安排也会随时代的发展而不断变革调整。一般来说，天文系的学生需要学习的专业或基础课程分类如下：（1）物理类课程，包括大学物理（力学、热学、电磁学、光学）、理论物理（理论力学、电动力学、量子力学、热力学与统计物理）；（2）数学类课程，包括大学数学、数学物理方法；（3）天文类课程，包括普通天文学、实测天体物理、恒星大气理论、恒星结构和演化、太阳物理、星系天文学、宇宙学、球面天文和天体力学、天文实习与实践等；（4）计算机类课程，包括程序设计语言、计算方法、天文数据处理等。此外，由于查阅参考文献及写作交流需要，天文系学生也必须学好英语课程。

由于各基础学科关联密切，相互交融，一些大学在低年级阶段并不明显地区分具体的专业，而是采取大理科方式招生，进行基础课程教学强化培养。学生在一起学习数学、物理、天文等课程，到高年级再分别进入各专业前沿。学生还可以根据个人发展需要申请转专业乃至攻读双学士学位。鉴于科学技术长期发展的重要性，教育部在部分高校中还深入开展了基础学科拔尖人才培养计划。天文学专业的拔尖计划由一些重点大学承担。各大学普遍为学生配备了优秀的指导教师，高年级学生在本科阶段即可参加一些课题研究和学术讨论会，部分优秀学生还能获得国际合作培养的机会。

⚛ 天文学专业的就业方向与前景

我国大学的天文学专业数总体上是较少的，并且主要设在重点大学。虽然有志于学习天文学的学生有很多，但报考录取难度很大，且学习的课程又多又难，让不少人望而却步。常言道，有志者事竟成。凭借着自己优秀的聪明和才智，很多人都通过跨专业而在天文学领域取得了出色成就。实际上，天文学的发展也需要各个专业的优秀人才的加盟。现在，我国正进入科学技术创新大发展的新时代，探月探火工程顺利展开，科学技术广泛普及，天文学的新发现和成果也纷至沓来，这一古老的学科吸引了公众的广泛关注。可以说，提高科技素质，培养优秀人才的时代已经到来了。

就天文学专业毕业生而言，他们有坚实的数学和物理基础，掌握天文学基础知识、天文观测和数据处理技术，并且有较强计算机应用能力及外语水平，可以从事天文学及相关领域的研究、教学、科技开发工作。目前，天文专业的本科毕业生约半数可保送或考取国内外天文学硕士、博士研究生，获得继续深造的机会，他们将在天文学前沿领域开展创新研究。其余毕业生或转入航天、测地、国防等相关学科从事科研、教学和技术工作，或从事中小学教育工作或群众科普工作。还有毕业生到出版社当编辑，乃至从事金融、管理等工作。总之，由于数理基础扎实，知识面广，适应能力强，天文专业毕业生的就业前景还是相当不错的。

▶ 4.2 我国的天文研究机构简况

我国的天文研究机构主要是中国科学院的各天文台和研究所以及一些大学的研究室或研究中心。新中国成立之初，只有紫金山天文台及其昆明站，以及上海天文台。1958 年，北京天文台及广州、长春、乌鲁木齐等人造卫星观测站成立。改革开放和航天事业开展后，天文研究也进入迅速成长的新时期，先进成果日益增多。例如，"中国天眼"射电望远镜已是世界首屈一指的单口径望远镜，取得了多项重大科学发现。以下对大学以外的一些天文研究机构作一简介（排序不分先后）。

◎ 国家天文台

中国科学院国家天文台（简称国家天文台）成立于 2001 年 4 月，是由中国科学院北京天文台（1958 年成立）、云南天文台（1972 年成立，其前身是原中央研究院天文研究所 1938 年迁至昆明建设的凤凰山天文台）、南京天文光学技术研究所（2001 年成立，其前身是 1958 年成立的南京天文仪器研制中心科研部分和高技术镜面实验室）、乌鲁木齐天文站（1987 年更为此名，其前身是

1957 年成立的乌鲁木齐人造卫星观测站）和长春人造卫星观测站（1957 年成立）
这两台一所两站整合而成的。

国家天文台本部设在北京，直属单位包括中国科学院云南天文台、南京天
文光学技术研究所、新疆天文台（2011 年 1 月更为现名）和长春人造卫星观测站。
中国科学院紫金山天文台、上海天文台的主要学科方向、大型观测设备运行和
观测基地建设等均受国家天文台的宏观协调和指导。

国家天文台的发展目标是：建设成为集天文学基础前沿研究、天文技术方
法创新应用、地基与空间重大天文观测装置建造运行、国家月球与深空探测科
学应用和空间碎片监测与应用等"四位一体"的、世界一流水平的综合性国家
天文研究机构，引领中国天文事业实现新的跨越，为加快实现国家高水平科技
自立自强作出应有贡献，为人类探索宇宙奥秘作出中国贡献。

国家天文台的主要研究方向包括天文学基础前沿、天文技术方法创新、观
测装置建造运行和空间探测科学应用。国家天文台本部内设有光学天文、射电
天文、星系宇宙学、太阳物理、空间科学、月球与深空探测、应用天文七个研
究部，涵盖 40 多个科研单元；在河北兴隆（图 4.1），北京怀柔、密云，天津
武清，新疆乌拉斯台、红柳峡、慕士塔格，西藏阿里、羊八井，青海冷湖，贵
州平塘以及阿根廷圣胡安等地建有天文观测基地或台站。

国家天文台是国家航天局空间碎片监测与应用中心、国家天文科学数据中
心的依托单位，国际空间环境服务组织中国中心主任单位；也是中国科学院天
文大科学研究中心、南美天文研究中心的依托单位；还是中国科学院大学天文
与空间科学学院主承办单位。

国家天文台高水平建成和运行了以郭守敬望远镜（LAMOST）、"中国天眼"
（FAST）为代表的一批国际领先的重要观测设备；拥有 21 厘米阵（21CMA）、

图 4.1 国家天文台兴隆观测站（中央是郭守敬望远镜，即大天区面积多目标光纤光谱望远镜，LAM-
        OST）。兴隆观测站现已扩展为重要的大基地
        | 图源：国家天文台兴隆观测站

50 米射电望远镜（GRAS-1）、40 米射电望远镜（GRAS-3）、70 米射电望远镜（GRAS-4）、35 厘米太阳磁场望远镜、2.16 米光学望远镜、60/90 厘米施密特望远镜、1 米光学望远镜、暗能量射电探测实验（天籁）阵列、中德亚毫米波望远镜、SONG 望远镜等一批重要的天文观测设备。

被誉为"中国天眼"的 500 米口径球面射电天文望远镜（Five-hundred-meter Aperture Spherical radio Telescope，FAST）由国家天文台主持研制，该望远镜位于贵州省平塘县克度镇。经过 20 多年、很多单位群体的协作，FAST 于 2016 年 9 月竣工落成，2020 年 1 月 11 日通过国家验收正式开始运行。这是我国具有自主知识产权、当前世界上单口径最大、最灵敏的射电望远镜，见图 4.2。它的落成启用，对我国在科学前沿实现重大原创突破、加快创新驱动发展具有重要意义。

图 4.2 国家天文台 500 米口径球面射电天文望远镜（FAST）俯瞰。FAST 位于贵州省平塘县克度镇
|图源：国家天文台

FAST 工程建设地点是贵州省平塘县克度镇金科村大窝凼洼地。FAST 工程充分利用了喀斯特地貌作为望远镜的台址，反射面采用主动变形技术，代表了中国射电天文从追赶到领先的跨越式发展。FAST 已新发现了数百颗脉冲星，并在快速射电暴等新前沿领域做出了突破性贡献。在未来 20~30 年内，FAST 将持续保持世界一流设备的地位，吸引国内外一流人才，成为国际天文学术交流中心之一。

　　著名天文学家南仁东是 FAST 项目的发起者和奠基人、首席科学家兼总工程师。他多年矢志追求，呕心沥血，克难攻坚，自主创新，奋斗至生命的最后一刻，被誉为"中国天眼之父""时代楷模""改革先锋"，获得"人民科学家"国家荣誉称号。79694 号小行星被命名为南仁东星。他的塑像树立于 FAST 前，他的光辉事迹和崇高品德激励着人们去推进宇宙奥秘探索的前沿。

　　国家天文台承担了载人航天、探月工程、首次火星探测任务、空间科学卫星工程、北斗卫星导航系统转发式卫星导航试验系统、空间碎片监测与应用、空间基准等相关重大科技任务，在载人登月、深空探测、脉冲星导航等领域的前瞻研究和科技攻关方面做出了重要贡献，已成为国家空间探测领域不可替代的重要力量之一。

国家天文台依托领先的天文观测设备和承担的重大科技任务，在星系宇宙学、银河系结构和演化历史、恒星和致密天体、太阳物理、行星科学等领域取得了一批有影响力的重要科学成果。"利用引力透镜效应研究宇宙中的物质分布"等 5 项重大成果先后荣获国家自然科学二等奖，探月工程系列型号任务先后 4 次荣获国家科技进步特等奖、一等奖等。"500 米口径球面射电望远镜（FAST）工程研究集体"等 4 个集体先后荣获中国科学院杰出科技成就奖。"利用强激光成功模拟太阳耀斑的环顶 X 射线源和重联喷流"等 5 项重大成果先后入选"中国年度十大科学进展"。

国家天文台凝聚和培养了一批高水平的科技创新人才，"人民科学家""时代楷模"南仁东先生是他们中的杰出代表。截至 2021 年底，国家天文台共有在职职工 691 人，其中中国科学院院士 6 人、正高级专业技术人员 125 人、副高级专业技术人员 251 人；设有天文学专业一级学科博士、硕士研究生培养点，共有在学研究生 359 人（其中博士生 242 人，硕士生 117 人）；设有天文学一级学科博士后流动站，共有在站博士后 31 人。

国家天文台与美国、加拿大、澳大利亚、南非、法国、荷兰、德国、俄罗斯、乌兹别克斯坦、印度、墨西哥、丹麦、日本、韩国、泰国、马来西亚等 35 个国家或地区建立了合作关系，承办了国际天文学联合会第 28 届大会，联合创建了东亚核心天文台协会（EACOA）和东亚天文台（EAO），布局并主导中阿 40 米射电望远镜（CART），参与平方千米阵（SKA）、30 米望远镜（TMT）、加那利大型望远镜（GTC）等重大国际合作项目，被认定为国家级国际天文联合研究中心、国家引才引智示范基地；依托国家天文台建设的南美天文研究中心已成为中国科学院第一个海外中心。

国家天文台与国内 20 余所大学、科研机构、高技术企业等建立了战略合作关系。

国家天文台创办了具有独立知识产权的国际优秀天文学期刊《Research in Astronomy and Astrophysics》（RAA），还创办了以"面向广大公众、天文与人文结合"为办刊理念的科普刊物《中国国家天文》杂志。

⚙ 云南天文台

1938 年，原中央研究院天文研究所从南京迁到云南省昆明市东郊凤凰山（现云南天文台台址，见图 4.3）。抗战胜利后，中央研究院天文研究所迁回南京，在凤凰山留下一个工作站，该站隶属关系几经变更，1972 年经国家计委批准，正式成立中国科学院云南天文台。2001 年，经中央机构编制委员会批准，将北京天文台、云南天文台等单位整合为国家天文台。云南天文台保留原级别，并具有法人资格。截止 2021 年底，云南天文台拥有各类人员 300 余人，其中中国科学院院士 1 人、正高 48 人，副高 72 人。

云南天文台的定位及中长期发展规划为：依托我国西南地区得天独厚的天文观测优势，以南方基地（丽江天文观测站）和抚仙湖太阳观测和研究基地（抚仙湖太阳观测站）的观测设备为核心，大力推进地面大型天文观测设备的立项及建设，依托两站积极开展国际前沿问题的观测研究；将云南天文台打造成在国际上有重要影响力的、在国内不可或缺的中国南方天文观测和研究集群。

云南天文台是国家首批博士学位、硕士学位授予点，设博士后流动站。云南天文台现有一台两站（台本部、抚仙湖太阳观测站和丽江天文观测站），设13 个研究团组：大样本恒星演化研究团组、恒星物理研究团组、高能天体物理

图 4.3 云南天文台凤凰山总部 | **图源：云南天文台**

研究团组、天体测量技术及应用研究组、双星与变星研究团组、系外行星／太阳系小行星研究团组、射电天文与 VLBI 研究团组、太阳爆发现象和日冕物质抛射研究团组、光纤阵列太阳光学望远镜研究团组、天文技术实验室、应用天文研究团组、选址组、星系类星体研究团组。

　　云南天文台现有重要天文观测设备 20 余台，主要包括：2006 年从英国引进的 2.4 米光学望远镜一台（丽江天文观测站）、用于承担探月工程地面数据接收任务的国产 40 米射电望远镜一台（台本部）、2015 年建成的一米新真空太阳望远镜（抚仙湖太阳观测站，获云南省科技进步特等奖），以及 20 世纪 80 年代由德国引进的 1 米光学望远镜一台、1.2 米国产地平式光学望远镜一台等。这些观测设备的高效运行，为天文研究提供了有力的数据支撑，尤其是 2.4 米望远镜和 1 米新真空太阳望远镜，它们产出了一大批有影响力的成果，在财政部组织的运行评估中双双名列前茅。此外，云台正努力建设景东 120 米脉冲星射电望远镜和 2 米环形太阳望远镜，与云南大学合作建设的丽江 1.6 米多通道测光巡天望远镜、与南京大学合作建设的稻城 2.5 米大视场高分辨率太阳望

远镜也在全力推进中。

近年，云南天文台科研成果获省部级及以上科技成果奖 26 项，其中国家自然科学奖二等奖 1 项、云南省特殊贡献奖（云南省最高科技奖励）1 项、月球探测工程特殊贡献奖 1 项、云南省科技进步特等奖 1 项，云南省自然科学特等奖 1 项。2011 年至 2021 年，云南天文台作为第一完成单位在 SCI/EI 刊物发表研究论文 1035 篇。另外，云南天文台与英国剑桥大学和牛津大学、美国国立天文台、德国马普学会、日本国立天文台、南京大学、北京师范大学等许多国内外著名天文研究机构，在天文学观测与研究、望远镜及其终端设备研制、天文新技术研究等方面，建立了广泛的合作关系。

云南天文台十分重视科普工作，逐步建设了一批科普设施，如科普楼、天象厅、太阳历广场、日晷广场、古天文展厅、民族天文展厅、科普报告厅等等，是国家和地方政府挂牌命名的科普教育示范基地。云南天文台充分利用自身的人才优势、设施优势和环境优势面向社会开展科普教育，取得了很好的社会效果，被评为昆明市科普精品基地。

❀ 新疆天文台

中国科学院新疆天文台建于 1957 年，原名为中国科学院乌鲁木齐人造卫星观测站，1987 年更名为中国科学院乌鲁木齐天文站，2001 年 4 月更名为中国科学院国家天文台乌鲁木齐天文站，2011 年 1 月更为现名。新疆天文台是中国综合性天文台之一，也是中国西部地区唯一的天文研究机构。新疆天文台现有射电天文、光学天文、太阳物理以及计算机技术四个专业研究室，同时设有中国科学院射电天文重点实验室（分部）、新疆射电天体物理重点实验室、新疆微波技术重点实验室、科技部射电天文与技术国际联合研究中心、中国–中亚天文学史联合研究中心、新疆大学–国家天文台联合天体物理中心等机构。

新疆天文台的研究方向涵盖了脉冲星辐射特性及引力波探测、恒星形成与演化、星系宇宙学、天体化学、高能天体物理、光学时域天文和大视场巡天、太阳物理、空间目标与碎片和天文技术与方法等，同时承担了深空探测、北斗导航、量子通信等国家重大任务。新疆天文台一直以来遵循聚焦前沿、凝练特色的发展思路，在射电天文多个学术热点领域取得了高水平研究成果。新疆天文台在发展过程中不断追求学术卓越和技术创新，围绕国家重大科学需求，积极开展了超宽带微波信号接收、射电望远镜结构与控制、数字信号处理以及天文大数据管理等方面的技术与设备研发工作，有效增强了对天文学前沿研究的支撑能力。

新疆天文台运行有南山（南山基地见图 4.4）、奇台、慕士塔格、喀什四个基地型野外观测站，主力观测设备有南山 26 米、25 米，喀什 13 米等射电望远镜，南山 1 米、1.2 米等光学望远镜集群。这些设备除了开展天文学基础研究以外，

图 4.4　新疆天文台南山基地及位于南山基地的
　　　　25 米口径射电望远镜
　　|　图源：新疆天文台

还承担了多项国家重大观测任务，有力支撑了我国天文与空间科学等相关领域的发展。在自治区和中科院的大力支持下，计划在新疆奇台县建设 110 米口径全向可动射电望远镜（QTT）。QTT 作为全球顶级的标志性科技装备，建成后将是国内外天文学家开展前沿研究和探索未知领域的观天利器，也将为我国空间战略任务提供强力保障。

　　新疆天文台不断拓展国内外合作交流渠道，与国内诸多高校和科研机构的双边 / 多边合作不断深化，国际交流合作从广度到深度不断拓展。与北京师范大学、中国科学技术大学、南京大学、北京大学、新疆大学、澳门科技大学等国内高校和研究所签署了多个有关共建观测设备和科研合作的协议或备忘录。同澳大利亚、美国、德国等国家诸多天文研究机构建立和维持了密切合作关系，共建了国家级国际科技合作基地——射电天文与技术国际联合研究中心；同时响应"一带一路"倡议，与俄罗斯等多个中亚国家相关单位开展交流，加强了创新合作。此外，新疆天文台还通过中国科学院国际人才计划和自治区引智项目等积极开展了国际引智工作。

新疆天文台坚持人才引进与自主培养并重的人才策略，凝聚了一批有理想有热情的青年科技人才。截至2020年12月底，新疆天文台共有在职职工173人，科技人才队伍结构不断优化，硕士及以上学历科技人员占比为67%，45岁及以下科技人员占比86%。新疆天文台拥有天文学一级学科博士、硕士培养点和博士后科研流动站，招收天体物理及天文技术与方法专业学术型研究生。

新疆天文台是新疆天文学会的挂靠单位，是全国、自治区和乌鲁木齐市的科普工作先进集体，开展了层次丰富、形式多样的科普活动，年均受益约5万人次。通过普及天文知识，践行文化润疆要求，提升了社会公众的科学素养，为新疆社会稳定和长治久安做出了积极贡献。 面对新时代、新挑战、新任务，新疆天文台正向发展成为具有国际影响力天文研究机构的目标奋进。

⊛ 南京天文光学技术研究所

中国科学院南京天文光学技术研究所（简称"南京天光所"）由原中国科学院南京天文仪器研制中心（前身为1958年成立的原中国科学院南京天文仪器厂）的科研部分和高技术镜面实验室于2001年4月组建而成。历经几代人艰苦奋斗和辛勤耕耘，南京天光所已成长为我国天文与光学高新技术的重要科研和

发展基地（见图 4.5）、国家大
中型天文望远镜及仪器设备的研
制基地，以及天文技术与方法高
级人才的培养基地。

　　自南京天光所前身天仪厂从
1958 年筹建起，便把天文仪器
的研究和加工结合在一起，为我
国天文学的发展"自力更生"研
究和制造所需的设备，在中国天
文事业的发展中发挥了巨大的独
特作用。20 世纪，天仪厂已成
功为中国天文观测研制的代表性
仪器主要有：Ⅱ型光电等高仪、
太阳磁场望远镜、1.26 米红外望
远镜、2.16 米光学天文望远镜、

图 4.5　南京天光所用于光学检测的 30 米垂直检验塔
　| 图源：南京天光所

13.7 米毫米波射电望远镜、太阳精细结构望远镜、多通道太阳望远镜、折轴阶
梯光栅分光仪等，开展的光学天文望远镜研究覆盖了光学天文的主要方面，至
今仍在我国天文技术领域发挥着重要作用，同时为世界天文发展做出了贡献。
2.16 米光学天文望远镜的研制成功，是中国天文仪器技术发展史上的一个重要
里程碑，标志着中国天文仪器技术进入了一个新的发展阶段。21 世纪以来，南
京天光所已有 30 余项成果入选中国年度"十大天文科技进展"，其中获国家奖
2 项、省部级奖 8 项。南京天光所在新概念望远镜方案研究、主动光学技术、
天文超高分辨探测成像技术、高精度大口径非球面光学镜面技术、巨型精密机械、

高精度低速跟踪自动控制技术、双折射滤光器、高对比度星冕仪研制、光谱仪研制等相关技术方面具有显著优势并取得了重要成果。

南京天光所作为主要研制单位承担的国家重大科学工程大天区面积多目标光纤光谱天文望远镜（LAMOST，后冠名为郭守敬望远镜）于 2008 年 10 月胜利落成，该项目于 2009 年 6 月圆满通过国家竣工验收。LAMOST 突破了天文望远镜大视场与大口径难以兼得的难题，成为目前世界上口径最大的大视场望远镜，也是世界上光谱获取率最高的望远镜，它的建成是我国光学望远镜研制历程的又一重要里程碑，显著提高了我国在大视场多目标光纤光谱观测设备领域的自主创新能力。LAMOST 的研制成功使我国主动光学技术、大望远镜研制技术、大规模光纤定位技术和大规模光谱观测等技术方面实现了跨越式的发展，跻身于国际前沿（见图 4.5）。LAMOST 因其自主创新技术和巨大的科学潜能成了世界天文界瞩目的焦点，在大规模光学光谱观测和大视场天文学研究方面，均居于国际领先的地位。同时，南京天光所在国内开展的 30 米极大口径光学／红外望远镜研究已在国际上占有重要的一席之地，并在关键技术研究方面取得重要进展。作为南极天文研究的主要发起单位，南京天光所开辟了天文仪器技术研究新领域。继 2008 年元月中国首套南极光学小望远镜阵 CSTAR 在冰穹 A 成功安装运行后，南京天光所连续开展了三台大视场南极巡天望远镜（AST3）的研制。首台全自动远程控制望远镜（AST3-1）和第二台（AST3-2）已分别于 2012 年初和 2015 年初成功安装在南极昆仑站并投入观测，并已获得具有国际重要影响力的一大批观测科研成果。第三台（AST3-3）还将实现观测范围拓展到近红外波段。这些望远镜为国家重大科技基础设施中国南极天文台项目的立项、实施奠定了坚实基础。作为主要单位之一，南京天光所建议的大型光学红外望远镜项目于 2016 年底被正式列入国家重大科技基础设施建设"十三五"

规划，是"十三五"时期优先布局的 10 个建设项目之一，建议书在 2018 年已通过"中咨"公司的评估。

迄今为止，南京天光所已获得国家、中国科学院及省部级科技成果奖励共77 项，其中，获国家科技进步一等奖 2 项、国家自然科学二等奖 1 项、国家科技进步二等奖 6 项、国家科技进步三等奖 1 项、全国科学大会奖 8 项。并为美国、法国、西班牙、俄罗斯、日本、韩国和印度等诸多国家研制了 30 多台套天文望远镜与仪器。南京天光所长期与国外多个著名的天文机构保持着良好的合作关系，积极派遣科研人员到国际著名天文台、研究所及大学进行工作访问和学术交流，在"一带一路"合作项目中积极发挥自身科技支撑优势，并建立了深厚的合作基础和友谊。

南京天光所拥有一批具有国际水准、国内一流水平的天文光学、天文仪器及相关技术领域的专家和一支结构合理的科研及技术支撑队伍，现有两院院士3 人，研究员 20 多人，同时积极从海外引进杰出人才，并与国外先进科研机构合作培养人才。南京天光所拥有天文学、光学工程两个博士后科研流动站，是中国科学院大学天文学、光学工程两个一级学科和天体物理、天文技术与方法、精密仪器及机械三个二级学科的硕士、博士研究生培养点，以及仪器仪表工程全日制专业学位的培养点，已培养 300 多名博士、硕士研究生。南京天光所还设有江苏省外国专家工作室，是江苏省先进光学制造技术高技能人才培养基地。

南京天光所拥有中国科学院天文光学技术重点实验室，另设有望远镜新技术研究室、天文光谱和高分辨成像技术研究室、太阳仪器研究室、镜面技术实验室、大口径光学技术研究室、望远镜工程中心和南极天文技术中心等科研部门，并建有主动光学、系外行星探测、自适应光学、激光光谱技术、恒星光干涉、光学镀膜、低温环境模拟等 20 多个专业实验室，拥有先进的实验条件、平台和装备。

南京天光所注重与国内多家著名高校和相关科研机构开展广泛而深入的合作，共同促进学科建设、科学研究、人才培养及成果产业化工作，并积极开展海峡两岸天文仪器与技术的学术交流、人才培养等系列合作，携手为中国天文学和相关领域科技事业发展不断贡献智慧和力量。南京天光所先后与长春理工大学、南开大学、东南大学、南京理工大学、哈尔滨工程大学等高校建立了人才培养基地和精英班；与南京大学、中国科学技术大学、北京大学、北京师范大学、云南大学等高校进行科研合作；与南京理工大学共建天文光学超分辨探测联合实验室。

研究所正务实推进各项发展规划工作：重点致力于实现"地基大口径光学红外望远镜技术"和"太阳系外行星探测技术"两个领域的重大突破，重点培育"极端环境下的天文光学技术""先进天文科学仪器关键技术""大口径天文和空间光学先进制造技术"三个研究方向。这里，正是中国现代天文仪器与技术事业从无到有、从小到大、从落后到先进、从封闭到开放、从仿制跟踪到创新引领的发展历史的缩影和真实写照。

◎ 紫金山天文台

中国科学院紫金山天文台（以下简称紫台）前身是成立于 1928 年的国立中央研究院天文研究所，1950 年更为现名。紫台是我国自己建立的第一个现代天文学研究机构，被誉为"中国现代天文学的摇篮"。

紫台坚持面向世界科技前沿，面向国家战略需求，以构建完整的天文科学与技术创新体系为着力点，建设我国一流的天文基础和应用研究及战略高技术

图 4.6 俯瞰紫金山天文台盱眙观测站 | **图源：紫金山天文台**

研究基地、高层次人才培养基地，广泛开展高水平国际合作。紫台近期努力建设的工程包括：国际先进或国内领先的以暗物质粒子探测为核心的空间天文探测研究基地；以太赫兹探测技术为支撑，面向天文学重大科学问题的南极天文和射电天文研究基地；以人造天体动力学和探测技术为支撑，面向国家战略需求的空间目标和碎片观测研究中心；以近地天体探测研究为基础，面向深空探测的行星科学研究中心。

紫台针对天文学重大科学问题，在暗物质和空间天文、南极天文和射电天文、行星科学和深空探测等学科方向形成了卓越科研团队并取得了系列原创性成果；运行了我国首颗天文科学卫星——"悟空"号暗物质粒子探测卫星，并牵头研制了我国第一颗太阳综合观测卫星——先进天基太阳天文台；成功开辟了南极天文观测新领域；运行了 13.7 米毫米波望远镜。紫台面向国家战略需求，在空间目标与碎片观测研究、"嫦娥工程"等深空探测任务、近地天体监测、历书历表编制等方面都做出了颇具特色的重要贡献，运行了中国科学院空间目标与碎片观测网、近地天体望远镜等设备。

紫台还围绕暗物质与空间天文探测技术、高能天体物理、太阳物理、日球等离子体、宇宙中的恒星形成与太赫兹探测技术、人造大体轨道动力学与探测方法、行星科学与历书天文以及深空探测等研究方向开展前沿研究，培育未来重大突破方向。

紫台设 4 个研究部：暗物质和空间天文研究部、南极天文和射电天文研究部、应用天体力学和空间目标与碎片研究部、行星科学和深空探测研究部，对应地有 4 个依托于紫台建设的中国科学院重点实验室，每个研究部由若干研究团组、实验室和观测基地组成，其中设有 5 个所级实验室：暗物质和空间天文实验室、毫米波和亚毫米波技术实验室、天文望远镜技术实验室、天体化学和行星科学实验室、行星科学与深空探测实验室；并设有 7 个野外业务观测台站：南京紫金山科研科普园区、青海观测站、盱眙天文观测站（见图 4.6）、赣榆太阳活动观测站、洪河天文观测站、姚安天文观测站和南极冰穹 A 天文观测站，并正在青海省建设冷湖观测基地。紫台与中国科学技术大学共建科教融合"天文与空间科学学院"，并与多所大学、科研机构或高新技术企业建立了战略合作关系。

紫台坚持高层次人才的培育、引进。截至 2021 年底，紫台拥有中国科学院院士 4 人，国家杰出青年科学基金获得者 12 人，优青 10 人，国家高层次人才计划科技创新领军人才 2 人，中国科学院关键技术人才 3 人，科技部重点领域创新团队 1 个，中国科学院关键技术团队 2 个。紫台是国务院学位委员会批准的首批硕士学位和博士学位授予权单位之一，现有 1 个天文学一级学科博士、硕士研究生培养点和博士后流动站，还有电子信息工程博士、工程硕士全日制专业学位培养点。

　　紫台是我国开展天文科学普及的重要单位。南京紫金山园区是全国科普教育基地、全国重点文物保护单位、中国首批十大科技旅游基地。青岛观象台是全国科普教育基地。

　　紫台是中国天文学会的挂靠单位，承办《天文学报》（双月刊）和英文刊物《Chinese Astronomy and Astrophysics》。

⚙ 上海天文台

　　中国科学院上海天文台（简称上海天文台）成立于 1962 年，其前身是 1872 年建立的徐家汇天文台和 1900 年建立的佘山天文台。目前上海天文台包括徐家汇园区和佘山科技园区两个部分，徐家汇为其总部所在地，天文观测台站位于上海松江佘山地区。

　　上海天文台以天文地球动力学、天体物理以及行星科学为主要学科方向，同时积极发展现代天文观测技术和时频技术，努力为天文观测研究和国家战略需求提供科学和技术支持。在基础研究方面，上海天文台拥有若干具有国际一流竞争力的研究团队；在应用研究方面，上海天文台在国家导航定位、深空探测等国家重大工程中发挥着重要作用。

　　上海天文台设有天文地球动力学研究中心、天体物理研究室、射电天文科学与技术研究室、光学天文技术研究室、时间频率技术研究室 5 个研究部门。拥有甚长基线干涉测量（VLBI）观测台站（已建 25 米口径射电望远镜，65 米口径天马射电望远镜，见图 4.7）、国际 VLBI 网数据处理中心、1.56 米口径光学望远镜、60 厘米口径卫星激光测距望远镜、全球定位系统等多项现代空间天文观测技术和国际一流的观测基地和资料分析研究中心，是世界上同时拥有这

图 4.7 上海天文台位于上海松江佘山基地的 65 米天马射电望远镜 | **图源：上海天文台**

些技术的 7 个台站之一。上海天文台是中国 VLBI 网和中国激光测距网的负责单位。

　　上海天文台现有工作人员 375 人，其中中国科学院院士 1 人、中国工程院院士 1 人、研究员及正高级工程技术人员 67 人、副研究员及高级工程技术人员 107 人、国家万人计划科技创新领军人才 1 人、国家百千万人才工程国家级人选 2 人、国家"杰青"获得者 3 人。上海天文台多年来为天文事业培养了一批优秀的生力军，目前设有天文学博士后流动站和博士生培养点，在学硕士生 71 人、博士生 103 人、在站博士后 17 人。

　　上海天文台的科研成果甚多，包括中国现代地壳运动和地球动力学研究、跟自然灾害有关的天文现象与天文方法、在广义相对论框架下的卫星精密定轨研究、宇宙结构形成的数值模拟研究、发现银河系中心存在超大质量黑洞最令人信服的证据、首次高精度测得银河系英仙臂的距离、主持"973 计划"、宇宙大尺度结构和星系形成与演化研究等，先后获得了包括全国科学大会奖、国家科技进步一等奖、国家自然科学奖二等奖、中国科学院重大成果奖、上海市科技进步一等奖等百多项奖励。

◎ 国家授时中心

中国科学院国家授时中心（以下简称国家授时中心），前身是中国科学院陕西天文台，成立于 1966 年，是我国唯一的专门、全面从事时间频率基础研究和应用研究的科研机构，承担着我国国家标准时间（北京时间）的产生、保持和发播任务，建设和运行着的长短波授时系统是我国的第一批国家重大科技基础设施，建成了国内唯一的天地一体星地综合卫星导航授时试验平台，为我国国家时间频率体系、卫星导航系统的建设和发展做出了重要贡献。

国家授时中心总部位于陕西省西安市临潼区，在西安航天产业基地、渭南蒲城设有分部，另有授时发播台、授时监测站、测定轨站分布在全国。图 4.8 是国家授时中心设在骊山的天文站。国家授时中心主要开展量子频标、时间保持、守时理论与方法、高精度时间传递与精密测定轨、时间频率测量与控制、时间用户系统与终端、导航与通信等研究工作。

国家授时中心拥有国内第一、世界第三规模的守时原子钟组，负责确定和保持我国的国家标准时间（UTC（NTSC））和原子时标准（TA（NTSC）），并代表我国参加国际原子时合作，产生和保持的国家标准时间与国际协调世界时 UTC 的偏差数值保持在 5 ns 以内，在时间频率保持的稳定性以及对国际原子时计算的权重方面的贡献均位列全球前四位。

图 4.8 国家授时中心骊山天文站鸟瞰 | **图源：国家授时中心**

    国家授时中心于 1970 建成 BPM 短波授时台，经周恩来总理批准，为我国提供标准时间和标准频率信号服务；20 世纪 70 年代，应国家需求建设 BPL 长波授时台，1986 年通过由国家科委组织的国家级技术鉴定后正式发播，将我国的授时精度由毫秒量级提高至微秒量级，使我国授时技术迈入世界先进行列，该项目 1988 年荣获国家科技进步一等奖。五十多年来，国家授时中心先后建成了短波、长波、低频时码、电话、网络以及通信卫星授时系统，为我国通信、电力、交通、测绘、航空航天、国防等诸多行业和部门提供了可靠的高精度授时服务，同时采用全球导航卫星系统（GNSS）共视、卫星双向、全球导航卫星系统精密单点定位（GNSS PPP）等多种手段为重要用户提供点对点的超高精度时间频率服务，基本满足了国家经济发展、国防建设和国家安全的需求。

    国家授时中心长期开展守时原子钟、星载原子钟、铯原子喷泉钟和锶原子光钟等多种类原子频率标准的研制工作，为自主可控和高性能的国家标准时间产生、实时自主标校提供了基础支撑，为天、地多场合时间基准的建立提供了丰富技术储备；创新研制了国际先进的精密频率测量设备；提出并建成"中国区域定位系统"，满足了国家急需；实现的卫星导航系统时间、信号、轨道性能测试评估系统和天地一体星地综合卫星导航授时试验平台，为我国卫星导航系统建设作出了突出贡献。

在新时代，国家授时中心勇挑重担，承担国家重大科技基础设施——高精度地基授时系统、国家时间频率体系建设等重大任务，已成为国家时空体系建设的一支重要力量。国家授时中心将从国家战略和安全出发，瞄准时间频率学科前沿，继续深入、系统地进行时间频率和导航技术创新研究，把国家授时中心建设成为我国时频基准、授时体系和卫星导航的研发基地，为国家关键科技基础设施、重要战略装备和国民经济持续发展提供强有力的科技支撑，使我国时频研究和授时服务能力整体跻身世界前列。

国家授时中心是国务院 1981 年首批批准招收研究生的科研机构，有博士、硕士研究生导师 60 多名。国家授时中心现有天文学博士后流动站 1 个，天体测量与天体力学、测试计量技术及仪器、通信与信息系统博士培养点 3 个；天体测量与天体力学、精密测量物理、测试计量技术及仪器、通信与信息系统学术型硕士培养点 4 个及电子与通信工程专业型硕士培养点 1 个。目前，在学研究生 150 余人。

自 20 世纪 70 年代初正式承担中国标准时间、标准频率发播任务以来，国家授时中心为国民经济发展等诸多行业和部门提供了可靠的高精度的授时服务，基本满足了国家的需求。特别是为以国家的火箭、卫星发射为代表的航天技术领域作出了重要贡献，荣获国家科技进步一等奖等多项奖励，被钱学森先生誉为"中国的一面大钟"。

⚛ 长春人造卫星观测站

中国科学院国家天文台长春人造卫星观测站（简称长春人卫站）始建于
1957 年 10 月，原名为中国科学院长春人造卫星观测站，1974 年迁至长春市净
月潭西山，2001 年 4 月，更名为中国科学院国家天文台长春人造卫星观测站。
长春人卫站的研究领域包括空间目标精密测定轨、卫星动力学、天文地球动力
学和天体物理学。

经过了多年的发展建设，长春人卫站已由手段单一的观测站发展到今天多
学科、多方向的综合性天文研究基地。长春人卫站作为国际激光测距服务组织

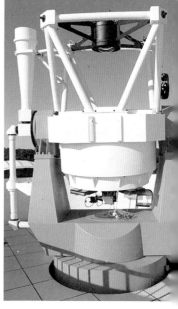

图 4.9 长春人卫站的 60 厘米卫星激光测距仪（左）和 1.2 米大视场空间碎片光电望远镜（右）
｜图源：长春人卫站

（ILRS）、中国大陆构造环境监测网（CMONOC）、全球导航定位系统服务组织（IGS）、北斗全球连续监测评估系统（iGMAS）和空间目标与碎片观测研究中心等的重要基准站，出色完成了国家下达的各项任务，承担了国家大科学工程等多项国家级科研项目。长春人卫站现有职工70余人，研究机构包括：卫星激光测距研究室、光电观测研究室、GNSS研究室、理论研究室。

长春人卫站承担了国家大科学工程大陆构造环境监测网四个基准站的建设项目；2013年正式获批国家"十二五"科教基础设施——"吉林空间目标观测基地"项目的建设,该项目占地6万平方米,涵盖1.2米大视场空间碎片观测系统、特大视场空间碎片探测系统、13米VLBI射电望远镜和数据处理中心等项目。

目前，长春人卫站下设有阿根廷圣胡安观测基地、吉林空间目标观测基地（吉林省吉林市）、抚远基准站（黑龙江省抚远市）、阿鲁科尔沁基准站（内蒙古阿鲁科尔沁旗）和长岭基准站（吉林省长岭县）等多个观测基地和野外台站。一些观测设备见图4.9。

🔬 高能物理研究所粒子天体物理中心

粒子天体物理是粒子物理和天体物理的交叉前沿，通过探测来自宇宙空间的各种高能粒子（带电粒子、光子和中微子等）和辐射，研究天体的物理性质以及高能粒子加速、辐射和传播的过程和规律。

中国科学院高能物理研究所粒子天体物理中心（简称粒子天体物理中心）以空间高能天体物理实验和天体物理研究、宇宙线观测和相关物理研究、反应堆中微子物理实验和相关物理研究等为主要研究方向，注重发展空间、地面、地下等多种实验手段，在实验设计、探测器研制、数据处理、物理解释等方面

图 4.10 2017 年 6 月 15 日，由粒子天体物理中心主持研制的慧眼卫星（HXMT）发射现场图片。慧眼卫星已经取得了一批重要观测成果 | 图源：左：Insight-HXMT；右：粒子天体物理中心

具有很强的综合实力。中心现有天体物理组、宇宙线组、AMS/CMS 组、中微子组和理论组。

粒子天体物理中心承担的重大项目包括基于西藏羊八井宇宙观测站的中日合作 ASγ 实验、中意合作 ARGO-YBJ 实验、高海拔宇宙线观测项目（LHAASO）、大亚湾反应堆、江门中微子实验、寻找反物质和暗物质的大型国际合作 AMS 实验、国家探月工程嫦娥一号卫星、嫦娥二号卫星上的 X 射线谱仪、嫦娥三号卫星上的粒子激发 X 射线谱仪、我国第一颗 X 射线天文卫星硬 X 射线调制望远镜（即慧眼卫星，HXMT，见图 4.10）、天宫二号空间实验室的伽马射线暴偏振实验 POLAR、空间电磁环境卫星的低能和高能电子谱仪以及"悟空"暗物质粒子探测卫星的硅微条探测器阵列、引力波电磁对应体全天监测器（GECAM）、增强型 X 射线时变与偏振探测卫星（eXTP，预计 2025 年发射）、中国空间站高能宇宙辐射探测设施（HERD，预计 2025 年发射）等等。

除了以上研究机构外，国内还有很多单位从事天文学相关研究，例如中国科学院南京天文仪器有限公司（原中国科学院南京天文仪器研制中心）、中国科学院测量与地球物理研究所、中国科学院自然科学史研究所、中国科学院光电技术研究所、中国科学院理论物理研究所、中国科学院近代物理研究所、中国科学院物理研究所以及其他一大批单位。受篇幅所限，这里不再一一介绍。

◎ 中国的天文观测台址发展前景

天文观测对台址的要求极高，一般都要远离城市灯光和空气污染，还需要较高的海拔以尽量减少稠密大气的影响，其他与台址相关的、对天文观测有利的因素还包括：干燥的空气、宁静的大气、较多的晴夜数、方便的公路及电力设施、便利的生活环境及较低的运营维护成本等等。我国地大物博，但优良的天文台址却仍是非常稀缺的资源。因此，潜在的优秀天文台址的成功发掘，也是本学科能取得长期持续发展的关键之一。这方面，我国天文学家正寄希望于南极、青海冷湖、西藏阿里地区、四川稻城县等新台址，并在新台址建设方面取得了重要进展。

南极空气稀薄、干燥且无污染，具有得天独厚的优势。在南极开展天文观测有着重要的战略意义，比如可以在南极冰穹 A 开展空间碎片监测预警，与北半球形成完整的全天空覆盖；还可以带动太赫兹、红外成像等尖端技术，促进耐低温的大口径望远镜、海量数据传输与处理技术等高新技术的发展。中国正积极在南极开展天文科研工作，计划利用中国南极昆仑站的现有条件在南极内陆冰穹 A 建设太赫兹望远镜、光学和红外望远镜、远程运控系统、支撑服务系统等。南极的天文观测有希望实现自动遥控运行，不需要科学家在南极当地日夜坚守。

冷湖是另一个让人寄予厚望的优秀台址。2021 年 8 月 18 日，国际科学期刊《自然》发布中国科学院国家天文台重大科学进展。研究结果显示，冷湖天文观测基地光学／红外观测条件可以比肩国际一流台址，具备世界一流的视宁度和承载我国未来重大天文科学设施的潜力。冷湖位于青海省，该地区的赛什腾山日照丰沛、降水极低、夜空晴朗，天气条件非常好。截至 2020 年底，国家天文台研究团队通过对连续 3 年的监测数据的细致统计分析，发现冷湖赛什腾山 C 区（4200 米标高点）的视宁度中值为 0.75 角秒，这同国际最佳台址同期数据大致相同。按可观测时间和视宁度进行综合量化分析，赛什腾山的品质优于青藏高原其他选址点，与美国夏威夷莫那卡亚峰和智利各天文台基本持平。冷湖国际一流台址的发现打破了长期制约我国光学天文观测发展的瓶颈，不仅为我国光学天文发展创造了重大机遇，而且因为其所在地理经度区域尚属世界大型光学望远镜的空白区，而天文观测常常需要时域、空域的接力观测，所以该地也是国际光学天文发展的宝贵资源。

冷湖镇位于中国的腹地，海拔仅 2700 米，距赛什腾山台址 80 千米，可以建设可靠的后勤保障和科研基地。目前，行星大气光谱望远镜（PAST）主体安装工作已经完成，标志着中国首台地基行星望远镜正式落地青海冷湖，它将开启中国自主的地基行星探测与研究的新篇章。即将落户冷湖的还有中国科技大学的 2.5 米大视场巡天望远镜、清华大学 6.5 米大口径宽视场望远镜等等。LAMOST 也有望在升级改造后搬来冷湖，届时其口径将达到 8 米。将来冷湖还会有国内、外的超大型望远镜和阵列以及专家学者的到来。

西藏阿里地区也具有优良的天文观测条件。阿里天文观测基地位于素有"世界屋脊的屋脊"之称的西藏阿里地区，具体位置在狮泉河镇以南约 30 千米处，海拔 5100 米。阿里地处理想的中纬度区域，水汽含量低、大气透明度高，是北半球观测条件绝佳的台址，在紫外波段和亚毫米波段探测方面具有明显优势。中国引力波研究的"阿里实验计划"将由中国科学院高能物理研究所牵头，依托国家天文台在阿里建设的观测站进行。这一计划旨在实现对原初引力波的高灵敏搜寻，检验极早期宇宙暴涨理论。阿里观测基地已初具规模，目前有 20 多个项目在阿里进行考察调研、实地测量、项目规划和落地实施，中日合作火鸟号（HinOTORI）引力波源光学紫外望远镜等一批国际天文研究前沿项目也已落地建设。由于北半球长期缺乏优秀天文台址，阿里天文观测基地的建成投用将填补这一空白，配合南半球天文台进行观测研究。如正在建设的中美合作时域天文学 LCOGT 项目中，增加阿里台站后将很好地实现北半球全时覆盖，成为其全球观测网的重要节点。

　　四川稻城县海拔 4410 米的海子山也有着得天独厚的天文观测条件。我国的高海拔宇宙线观测站（LHAASO）就建在这里，占地面积约 1.36 平方千米。它是世界上海拔最高、规模最大、灵敏度最高的宇宙射线探测装置，核心科学目标包括探索高能宇宙线起源以及相关的宇宙演化和高能天体活动、寻找暗物质、广泛搜索宇宙中尤其是银河系内部的伽马射线源等。高海拔宇宙线观测站由中国科学院和四川省人民政府共建，中国科学院成都分院与高能物理研究所联合承担。2016 年 7 月，高海拔宇宙线观测站开始基础设施建设；LHAASO 主体工程于 2017 年 11 月动工，2019 年 4 月完成 1/4 规模建设并投入科学运行；2021年 7 月完成了全阵列建设并投入运行。目前，LHAASO 已经取得了一批重要科研成果。

▶ 4.3 天文馆与科技馆

习近平在国际天文学联合会大会致辞中，讲到天文学发展历程的一个宝贵而深刻的启示是：（第四）科学技术发展需要打牢坚实的群众基础。科学技术是一项既造福社会又依赖社会的事业，科学技术发展需要广泛的公众理解和积极的社会参与。应该把科学普及放在与科技创新同等重要的位置，充分发挥教育在科学普及中的重要作用，在全社会、全人类进一步形成讲科学、爱科学、学科学、用科学的浓厚氛围和良好风尚，不断提高民众科学文化素质，不断激发人们创新创造的无穷动力和蓬勃活力。

天文馆是以传播天文知识为主的科学普及机构。天象仪是其必需的设备，安置在半球形屋顶的天象厅中，可将各种天象投放在人造天幕上进行天象表演，并配合解说词解释各种天文现象。许多天文馆往往还建有从事天文普及活动的小型天文台。天文馆通过天象表演、天文讲座、放映天文科学教育电影、举办天文图片展览、出版天文普及书籍和刊物、组织天文观测活动、辅导制作小望远镜和天文教具等形式从事天文普及工作。科技馆也包含一些天文的科普设施。下面对我国的一些天文馆和科技馆作一简要介绍。受篇幅所限，更多的天文馆、科技馆类科普机构的相关信息需要读者自行在网上查询。

⚙ 北京天文馆

北京天文馆坐落于北京市西城区西直门外大街 138 号，于 1957 年正式对外开放，是我国第一座大型天文馆，也是当时亚洲大陆第一座大型天文馆。2001年在原址兴建新馆，于 2004 年开放。新馆二期展览也于 2006 年对外开放。

六十多年来，北京天文馆以其独特的演示吸引了一代又一代的观众。此外，享誉中外的北京古观象台也隶属于北京天文馆，它位于建国门，是明清两代皇家天文台。北京古观象台是国家重点文物保护单位，台顶展出的 8 件古天文仪器是国家一级文物，堪称中国天文国宝，每年吸引着世界各地游客前来参观。北京天文馆现为国家 AAAA 级旅游景区。

　　北京天文馆包含 A、B 两馆，共有 4 个科普剧场。A 馆天象厅的设备处于世界领先水平，其中，蔡司九型光学天象仪和高分辨率的全天域数字投影系统不仅为场内 400 名观众逼真还原了地球上肉眼可见的 9000 余颗恒星，高分辨率的球幕影像还能实现虚拟天象演示、三维宇宙空间模拟、数字节目播放等多项功能。B 馆有宇宙剧场、四维（4D）剧场、三维（3D）剧场 3 个科普剧场，以及天文展厅、太阳观测台、大众天文台、天文教室等各类科普教育设施。其中，直径 18 米的宇宙剧场拥有标准半球全天域球幕，能同时为 200 名观众呈现出气势恢宏的立体天幕效果。4D 剧场和 3D 剧场分别拥有 200 和 116 个座位，两个剧场均采用最先进的播放设备和特效设备。4D 剧场不仅能够呈现栩栩如生的立体影像，还能根据科普节目情节发展产生喷水、喷风、拍腿等多种特效，为观众带来身临其境的奇妙科普体验。3D 剧场拥有宽 12 米、高 9 米的金属墙幕，配以立体眼镜，以逼真绚丽的立体效果呈现科普知识，实现真正的寓教于乐。

　　除播放科普节目外，北京天文馆举办的各项展览、天文科普讲座、天文夏（冬）令营等活动也引人入胜。"星星是我的好朋友""天文馆里过大年"等活动早已成为备受公众瞩目的品牌活动。北京天文馆集展示与教学于一体，通过举办天文知识展览、组织中学生天文奥赛、编辑出版和发行天文科普书刊《天文爱好者》、组织公众观测等众多科普活动，向公众宣传普及天文知识，真正成为孩子们没有围墙的学校。

为了更好地适应现代天文学的快速发展，开展高质量的天文科普及教育工作，2019 年北京天文馆成立了科学研究部，引进了多位高水平的科学研究人员，研究方向涉及天文学史、时域天文学、高能天体物理、星系宇宙学、恒星物理、星际介质以及陨石和行星科学等。馆内现有类型丰富的陨石样本、海拔 5000 米以上的阿里望远镜等科研资源，并开展了大视场巡天平台等观测设备建设工作。同时，天文馆的展览内容设计和科普节目制作团队，可以为天文科技成果转化和宣传提供便利条件。该馆还与国内外高校、科研院所等单位开展合作，将在未来共同续写探索宇宙的辉煌篇章！

2007 年，第 59000 号小行星被永久命名为"北馆星"，即北京天文馆星。这是对北京天文馆成长足迹的肯定，也将鼓舞天文馆日益发展完善。

◎ 中国科学技术馆

中国科学技术馆（简称中国科技馆）是我国唯一的国家级综合性科技馆，是实施科教兴国战略、人才强国战略和创新驱动发展战略，提高全民科学素质的大型科普基础设施。

中国科技馆新馆位于北京市朝阳区北辰东路 5 号，2009 年 9 月 19 日正式开放。它设有"科学乐园""华夏之光""探索与发现""科技与生活""挑战与未来"五大主题展厅、公共空间展示区及球幕影院、巨幕影院、动感影院、4D 影院等四个特效影院，其中球幕影院兼具穹幕电影放映和天象演示两种功能，还设有多间实验室、教室、科普报告厅、多功能厅及短期展厅。

中国科技馆以科学教育为主要功能，通过科学性、知识性、互动性相结合的展览展品和参与体验式的教育活动，反映科学原理及技术应用，鼓励公众探索实践，不仅普及科学知识，而且注重传播科学思想、科学方法和科学精神。在开展基于展览的教育活动同时，还组织各种科学实践和培训实验，让观众通过亲身参与，加深对科学与技术的理解和感悟，激发对科学的兴趣和好奇心，在潜移默化中提高科学素质。

从 1983 年一期工程动工算起，中国科技馆已走过约 40 年的历程。开馆以来，中国科技馆保持了常年对观众开放，服务观众超过 5186 万人次以上，为公众构建了一个科学的乐园。中国科技馆还肩负着示范引领全国科技馆事业发展的重任，"中国流动科技馆""科普大篷车""农村中学科技馆""中国数字科技馆"等科普服务品牌历经创立和发展，为中国特色现代科技馆体系奠定了坚实的基础。

◎ 香港太空馆

香港太空馆位于香港九龙半岛尖沙咀海旁，于 1977 年动工，总建筑师为工务局的李铭根先生。香港太空馆于 1980 年 10 月启用，是香港用以推广天文及太空科学知识的天文博物馆。太空馆设计独特的蛋形外壳，早已成为香港特别行政区的地标之一。

香港太空馆分东、西两翼。蛋形的东翼是太空馆的核心，内设天象厅、宇宙展览厅、球幕电影放映室、多个制作工场及办公室；西翼则设有太空探索展览厅、演讲厅、天文书店和办公室。天象厅设有直径达 23 米的半球形银幕，除了设有东半球第一座全天域电影放映设备外，更是世界上第一座拥有全自动天象节目控制系统的天文博物馆。每年，香港太空馆制作利用数码天象投影系统播放的天象节目，并精选国外出色的全天域电影及立体球幕电影在天象厅播放。

　　香港太空馆每年举办不少推广活动，包括闹市星踪、星空游乐园、趣味天文班、天文讲座、天文电影欣赏、特别天象观测活动等。此外，内容丰富的太空馆网页更是获取观星数据、基础天文知识、最新天文信息和相关教学资源的好地方。

⚛ 澳门科学馆-天文馆

　　澳门科学馆-天文馆位于澳门半岛东南侧海滨，是一座以向公众推广科学为目标的科学普及展览教育中心，以教育、旅游和会展三大功能作为定位。

　　科学馆主体建筑物于 2009 年落成。它由三部分组成：最高并呈斜锥体形的为展览中心，当中 14 个展厅呈螺旋上升状分布；半球形建筑物为天文馆；第三部分为会议中心。澳门科学馆-天文馆是高解析度的立体天文馆，曾列入吉尼斯世界纪录大全。它的数字球幕播放系统，同时具备（8000×8000）像素解析度和 3D 视觉效果，由 12 台超高解析度的投影机组成，并由 80 台高效能电脑同步处理数据。天文馆球幕直径 15.24 米，倾斜度 15°，共有 127 个座椅和 4 个轮椅座位。

　　澳门科学馆-天文馆举办过各种天文科学传播活动，并且与澳门当地许多团体合作，定制化提供天文科普服务。它为市民提供了很多观星机会和优质的观测体验，设置有多种多样的天文科普设备，包括反射式望远镜、折射式望远镜、太阳望远镜、摄星仪、天文摄影用赤道仪等等，用以推广天文摄影活动。它还与澳门当地高校合作开设天文科学通识课，为儿童举办暑期、圣诞亲子天文班，并与社会福利团体合作为高龄长者提供天文馆星空专题演示。

✿ 台北市立天文科学教育馆

台北市立天文科学教育馆，又称作台北天文馆或台北天文博物馆，位于台北市士林区基河路363号，占地1.8万平方米，是全球规模较大的天文馆之一。该馆于1997年7月20日正式全面开放，其内设施包括展示场、宇宙探险区、宇宙剧场、立体剧场、天文教室、图书馆、圆顶天文观测室等。

展馆入口设有东汉天文学家张衡的塑像，其上方挑高的空间布置了几大行星模型，主题突出，气势恢宏。位于顶楼的天文观测室设有高倍率天文望远镜，可让游客观测太阳黑子及欣赏星空。展示空间的一楼为古代天文学区、地球区、太空科技区，二楼则是天体与星座区、太阳系区、彩虹通道等，三楼规划有恒星区、星系区、宇宙区。其中以宇宙区的"宇宙通道"尤具特色，是欣赏模拟星象的绝佳场所。宇宙剧场、立体剧场每日定时播放天文、科学类影片。前者有直径25米、弧度180度的大银幕，配合立体音响，能够产生强烈的视听震撼；后者是立体电影院，可以给观众以充分的临场感。馆内还有大量可供游客亲自动手操作的模拟星球及天文仪器，达到寓教于乐的效果。

✿ 上海科技馆

上海科技馆坐落于上海浦东新区行政文化中心的世纪广场，占地面积6.8万平方米，建筑面积10.06万平方米，2001年12月18日开放一期展览，2005年5月开放二期展览。它是上海市政府为提高城市综合竞争力和全体市民素质而投资兴建的重大公益性社会文化项目。大到宇宙苍穹，小到细胞基因等科学基本原理和重大科技成果都能在这里得到生动形象的展示，让游客在休闲娱乐中得到启迪。上海科技馆已经成为上海市最主要的科普教育基地和精神文明建设基地，成为深受青少年和市民欢迎的国家一级博物馆、国家 AAAAA 级旅游景点和国内外游客喜爱的上海特色文化地标、参观量最大的旅游景点之一。

上海科技馆的建筑呈西低东高、螺旋上升的不对称结构，寓意着自然历史和人类文明的演进方式。整个建筑分为三个部分：西侧是一个由低到高逐步递增的扇形空间；中部是透明的玻璃卵形大堂和中央的黄色球体，象征着宇宙的无垠、生命的孕育；东侧是 4 层的框架结构。整个结构体现了崛起、腾飞、不断发展的动感及科技馆所肩负使命的厚重感。

上海科技馆以科学传播为宗旨，以科普展示为载体，围绕"自然·人·科技"的大主题，有生物万象、地壳探秘、设计师摇篮、智慧之光、地球家园、信息时代、机器人世界、探索之光、人与健康、宇航天地、彩虹儿童乐园等 11 个常设展厅，蜘蛛和动物世界 2 个特别展览，中国古代科技和中外科学探索者 2 个浮雕长廊，中国科学院和中国工程院院士信息墙，加上由巨幕、球幕、四维、太空四大特种影院组成的科学影城，能够引发观众探索自然与科技奥秘的兴趣。

⚙ 上海天文馆

上海天文馆（上海科技馆分馆）是上海市政府投资兴建的大型科普场馆，位于中国（上海）自由贸易试验区临港新片区，靠近地铁 16 号线滴水湖站。上海天文馆占地面积 5.8 万平方米，建筑面积 3.8 万平方米，是全球最大的天文馆。上海天文馆以"塑造完整宇宙观"为愿景，努力激发人们的好奇心，鼓励人们感受星空，理解宇宙，思索未来。

上海天文馆主建筑以优美的螺旋形态构成"天体运行轨道",独具特色的圆洞天窗、倒转穹顶和球幕影院这三个圆形元素构成"三体"结构,共同诠释天体运行的基本规律。室外绿化勾勒出星系的旋臂形态,与"星空之境"公园自然衔接,充分体现了建筑与生态的有机融合。

上海天文馆主展区包括"家园""宇宙""征程"三个部分,全景展现宇宙浩瀚图景,打造多感官探索之旅,帮助观众塑造完整的宇宙观。"家园"展区从我们久违的星空开始,以先进的光学天象仪带观众驻足仰望璀璨的星空,随后步入太空,带领观众漫步太阳系,欣赏珍贵的天降陨石,进而直面银河系的壮美,了解我们在太空中的方位;"宇宙"展区从时空、光、引力、元素和生命五个维度全景式地呈现宇宙的奇妙现象,众多互动展项带观众一同探索天体演化及运行的法则;"征程"展区则构建了一条璀璨的科学之河,展现了人类探索宇宙的伟大历程,以及对未来天文发展和航天探索的美好憧憬,启发观众深刻的思考和感悟。

上海天文馆拥有四大专业级天文观测及天象演示设备:65厘米自适应光学太阳望远镜可在白天实现太阳的多波段观测,展现高清晰度的太阳黑子、日珥、耀斑等影像;一米双焦点望远镜可在夜间带观众欣赏清晰的月面、行星和美丽的深空天体;全球最先进的23米直径多功能超高清球幕影院带观众进入神秘的宇宙世界;高级光学天象仪则投射出高精度的模拟星空,带来无比震撼逼真的星空体验。此外,上海天文馆还在其他区域分散式地安排了"中华问天"(中国人的天文探索历程)、"好奇星球"(儿童乐园)、"航向火星"(科幻体验)等特色展区,以及星空探索营、陨石/创客实验室等教育活动区,带给人们更多宇宙探索的体验。

❀ 南京科技馆与南京天文馆

　　南京科技馆是南京市政府投资兴建的重大公益性社会文化项目，是江苏省规模最大的现代化、多功能的科普活动场馆。它从 2002 年启动建设，于 2005 年 10 月 20 日正式对公众开放，是公益性事业单位，隶属南京市科学技术协会。作为全市科普活动的重要基地，它承担着面向社会、公众，特别是未成年人开展科普教育的工作使命，年观展人数达到 90 万人次。

　　南京科技馆坐落于风景秀丽的雨花台区，总占地面积 15 万平方米，主建筑面积约 3 万平方米，水面积 5 万平方米。周边环境优美、交通便利，内部地势高低起伏，园林景观错落有致，场馆设计别具一格。置身南京科技馆，会给人一种科技人文与大自然相互交融的直观感受。主体馆外观新颖奇特，远看似巨型椭圆飞碟，近看像潜水艇。其外形设计出自加拿大著名设计师之手，设计灵感来自科幻小说《海底两万里》中的"鹦鹉螺号"。场馆外有一圈周长约 400 米的镜湖，寓意着南京科技馆将载着青少年们在科技的海洋中探索遨游。

　　科技馆包含主场馆、科技影院及园区三部分。主体馆由常设展厅、非常设展厅和会议中心组成。常设展厅一共四层：负一楼是公共安全教育馆，一楼是基础科学和少儿科普体验区两个展厅，二楼是能源与环境、机器人世界、信息与技术三个展厅，三楼是南京市中小学科技创新中心。展区里超过 70% 的展项是参与性项目，游客可以亲身感受到科学的魅力。科技影院分为 IMAX 球幕影院、4D 动漫影院、3D 数字影院。IMAX 球幕影院是一座半球形的建筑，直径 21 米，倾斜度 30 度，可容纳观众 235 位。电影画面清晰稳定，荧幕覆盖率达到 85% 以上，使观众四周及仰卧之间皆为画面所包容，恍如投身其中，同时影院内 6+1 声道音响系统通过十几组扬声器播出配乐和特殊音响，能给观众带来无限的视觉和听觉感受。

相比其他科技馆，南京科技馆的鲜明特色是拥有一个美丽的园区。科技馆园区内有湿地公园、后山、礼仪广场等户外景点。位于科技馆东侧的后山，依山势打造了"花雨茶园""南山竹径""晚樱抱叶""紫薇含羞""海棠垂梦"等景点。位于科技馆西侧的湿地公园内打造了景点"二月兰海"。园区内所有景点内的动植物全都在相应位置设置了说明牌，印有该物种的科学知识介绍，方便游客在休闲中了解大自然。

南京科技馆先后获得了"全国科普教育基地""国家 4A 级旅游景区""全国青少年素质教育基地""江苏省科普教育基地""江苏省青少年自护基地""长三角世博主题体验之旅"等荣誉称号。科技与人文相融合，自然与艺术相呼应，南京科技馆坚持以人为本的理念，造就了独树一帜的现代科技主题公园，为广大的青少年朋友认识科学、了解科学提供了广阔的天地。

南京天文馆目前正在建设中，它以"世界一流、地方特色鲜明"为总目标，致力于激发人们的好奇心，鼓励人们感受星空，理解宇宙，思索未来。其定位是：天文科普展示与体验中心、天文科学传播的交流平台、城市科技文化教育新型地标和天文教育社会实践基地。该馆将培养公众的天文兴趣，鼓励探索精神，同时展示南京的天文研究成果与实力。

南京天文馆地址位于雨花台区紫荆花路 9 号，南京科技馆园区东南，用地面积 5 万平方米，总建筑面积 4.5 万平方米。地上建筑包括公共服务、临时展览及交通区、常设展览区、影院区（包括天象厅）、科普教育区等，地下部分则包括办公研究区、藏品库区等。天象厅是天文馆的心脏和核心，而展教主题包括天象观察、行星科学、月球探测、深空探测等。一流的天象厅（数字宇宙剧场）将与穹幕特效影院合二为一，通过先进的设备，以独特的演示手段，展示出气势恢宏的全天域宇宙场景，令观众仿佛置身于浩瀚的宇宙。常设展厅通过一系列可触摸、可参与、可体验的展品展项普及天文科学和航天技术知识，激发观众的好奇心、求知欲。

南京天文馆将与南京科技馆一道，形成具有南京地方特色的新的南京天文科技主题公园。这里也将是南京的新地标，为广大市民科普、旅游、休闲提供又一新去处，同时必将为南京城市品质提升、建设全球有影响力的创新名城发挥重要作用。

✺ 苏州市青少年天文观测站

苏州市青少年天文观测站成立于 1982 年，为市级全额拨款事业单位，具有独立法人资格，面向苏州全市公众开展天文科普教育。天文站经过长期的发展，逐渐成为苏州现代科普教育基地。它拥有现代化天文观测设备，承担多项科研项目，培养了一批乐于奉献的志愿者，凝聚了全市天文爱好者，开展了一系列天文科普活动，在国内外享有较高声誉。苏州市青少年天文观测站与国家天文台、紫金山天文台、南京大学、中国天文学会、江苏省天文学会、嘉义市天文协会等众多机构、团体建立了密切的合作关系。天文站的工作主要包括：开展天文科普理论与实践的研究；发布重要天象信息，组织公众观测；承办苏州市天文夏（冬）令营；协助学校开展天文科普工作；向社会提供科普培训、讲座、咨询等服务；开展境内外天文交流等。

⚛ 深圳市天文台

深圳市天文台位于广东省深圳市大鹏新区南澳街道西涌海滩东侧崖头顶，于 2010 年 9 月建成启用，由深圳市气象局下属深圳市国家气候观象台负责运行管理。深圳市天文台占地 2.97 万平方米，建筑面积 2244 平方米，建有天文圆顶、天文楼、综合楼、气象楼、观测场、公共远程天文观测平台以及科普厅等。该台是以光学天文观测研究、地基太阳表面活动及高分辨率光谱观测研究、空间天气观测研究、海洋气象和生态环境气象观测研究等综合性观测为一体的观测研究基地，同时还是深圳市气象局布设的防灾减灾台风监测前哨站。天文台主要设备有 80 厘米口径反射式光学天文望远镜、30 厘米口径大视场光学天文望远镜、三通道全日面太阳望远镜、覆盖近紫外到中红外波段的高分辨率傅里叶光谱仪、中高层大气光学遥感探测 FPI 成像仪、对流层风廓线天线阵列、温室气体和大气成分探测仪以及 X 波段有源相控阵雷达等。除开展观测和科研以外，深圳市天文台还承担对外天文科普和服务，年度可接待市民超过 10 万人，通过"互联网＋天文"方式直播天文观测和重大天象，累计服务市民超过 5000 万人次。

⚛ 中国科学院天文科普网络委员会

为了推进天文科普事业，充分发挥中国科学院各大天文台站的科普优势，中国科学院科普办公室于 2000 年组织成立了统一的科普领导小组，并于 2004 年更名为中国科学院天文科普网络委员会。这是中国科学院天文领域有关单位从事天文科普活动的专门管理协调机构。成员单位包括：国家天文台、中国科学院云南天文台、中国科学院新疆天文台、中国科学院国家天文台长春人造卫星观测站、中国科学院南京天文光学技术研究所、中国科学院紫金山天文台、中国科学院紫金山天文台青岛观象台、中国科学院上海天文台、中国科学院国家授时中心、中国科学院南京天文光学仪器有限公司等。

中国科学院天文科普网络委员会设有主任一名、副主任和委员各若干名，并设有秘书处。委员会每年召开会议，总结交流科普工作经验，协调全国性天文科普活动，成为国内从事天文科普工作的重要推动力量。中科院天文科普网络委员会于2010年1月15日正式开通"天之文"科普网站，设有星空大学堂、追星发烧友、网络授时、天文论坛等频道，精心打造天文爱好者的网上家园，致力于将该网站建设成为中国天文科普的门户网站。

◎ 民间组织

天文学是深受群众关注，尤其是广大青少年喜爱的一门学科，有广泛和深厚的群众基础。近些年来，我国出现了一大批知名的"业余"天文人士，虽然他们不是专业工作者，但却沉迷于巡视星空。有志者事竟成，他们发挥天时、地利、人和优势，辛勤地寻找并且成功地"捕获"到彗星、小行星、新星和超新星等特殊天体或天象，为天文学的发展做出了自己的独特贡献。一些人士还尽个人之力，发动同好建立业余天文台，他们的事业心和奋斗毅力令人钦佩！专业人士与业余人士及群众一起，发挥各自优势，共同使得探索宇宙天体奥秘的天文事业更兴旺发达。

星明天文台是民间天文组织的典型代表，它位于新疆乌鲁木齐市南郊甘沟乡小峰梁，由著名业余爱好者高兴建立。星明天文台是国内第一个从事巡天的业余天文台，建成以来，已经与国内天文爱好者合作发现过多颗彗星、小行星、超新星、银河系新星、系外新星、矮新星等，为天文事业的发展做出了重要贡献。星明天文台的各个项目的数据是完全公开的，任何有兴趣的人都可以参与。大家可以通过互联网下载分析星明天文台拍摄的图片，如果发现新的天体，将以共同合作发现者的方式上报国际天文学联合会。参与他们的项目并不需要你了解多少天文知识，只需要你拥有一颗热爱天文的心。即使你从来没接触过天文，没摸过望远镜，也可以很好地参与相关项目，并可能获得新发现。